# 大型无人机人工增雨试验

主　编：尹宪志
副主编：张丰伟　奚立宗　付双喜　王　蓉

气象出版社
China Meteorological Press

## 内 容 简 介

本书系统介绍了甘肃省大型无人机祁连山人工增雨试验的成果。全书共分为10章，包括绪论、无人机人工增雨技术、无人机人工增雨技术前期研究、气象型无人机改装、无人机人工增雨试验设计、无人机人工增雨试验实施、无人机人工增雨试验成果、无人机人工增雨业务规程探索、无人机人工增雨业务指挥系统、无人机在防灾减灾中的拓展应用。

本书具有一定的专业性和科普性，可为从事人工影响天气工作的业务和科研人员、高校相关专业的教师和学生以及科普工作者等提供借鉴和参考。

**图书在版编目（CIP）数据**

大型无人机人工增雨试验 / 尹宪志主编. -- 北京 : 气象出版社, 2023.8
ISBN 978-7-5029-8023-8

Ⅰ. ①大… Ⅱ. ①尹… Ⅲ. ①无人驾驶飞机—应用—人工降水—气象试验—研究—甘肃 Ⅳ. ①V279②P481

中国国家版本馆CIP数据核字(2023)第161224号

**大型无人机人工增雨试验**

Daxing Wurenji Rengong Zengyu Shiyan

---

**出版发行**：气象出版社
**地　　址**：北京市海淀区中关村南大街46号　**邮政编码**：100081
**电　　话**：010-68407112(总编室)　010-68408042(发行部)
**网　　址**：http://www.qxcbs.com　**E-mail**：qxcbs@cma.gov.cn
**责任编辑**：刘瑞婷　**终　　审**：张　斌
**责任校对**：张硕杰　**责任技编**：赵相宁
**封面设计**：艺点设计
**印　　刷**：北京建宏印刷有限公司
**开　　本**：710 mm×1000 mm　1/16　**印　　张**：11
**字　　数**：230千字　**彩　　插**：3
**版　　次**：2023年8月第1版　**印　　次**：2023年8月第1次印刷
**定　　价**：58.00元

---

# 《大型无人机人工增雨试验》
# 编委会

# 序一

呼风唤雨、趋利避害，是人类从古至今所追求的美好愿望。面对甘肃严酷的自然环境，民众和社会对增雨、防雹有着强烈的需求和愿望。1958 年 9 月，中国科学院地球物理研究所在榆中进行干冰催化降雨试验成功，开启了甘肃人工影响天气（简称人影）的序幕，这是甘肃人工影响天气史上的重要里程碑。从 1973 年开始到 1982 年，甘肃省气象局组织开展飞机人工增雨作业，每年 4 月至 9 月，利用一架空军伊尔飞机，对系统性层状云系实施人工催化。1991 年甘肃省恢复飞机人工增雨作业，作业区域覆盖张掖市以东的全部地区，年飞行约 30 架次，增水约 10 亿吨。人工增雨在抗旱增雨、生态修复、保障重大活动、改善城市空气质量、助力农业丰收和精准扶贫等方面发挥着越来越重要的作用。

“在科学上没有平坦的大道，只有不畏劳苦沿着陡峭山路攀登的人，才有希望到达光辉的顶点。”甘肃人影工作者就是恶劣天气的逆行者，在电闪雷鸣中开展人工防雹；在乌云密布中开展人工增雨。多年来，他们先后探索使用干冰、尿素、盐粉、介乙醛、液氮、碘化银丙酮溶液、碘化银焰剂作为催化剂，开展飞机人工增雨作业。飞机人工增雨作业时，要面对恶劣气象条件、大风切变、过冷水结冰等严重安全威胁。

2018 年以来，甘肃省人工影响天气办公室在祁连山地区开展大型无人机人工增雨试验。他们“化剑为犁”，把国内最先进的无人机，改装成人工增雨飞机，开展无人机人工增雨试验，并通过无人机挂载的气象探测系统，进行了针对性的云雾物理观测，获取了有价值的观测资料，填补了高山区复杂地形条件下的气象观测空白。通过几年的无人机人工增雨试验，他们圆满地完成了设定的目标，成功完成了大型无人机的改装试验，创建了新的人工增雨手段，积累了成功的经验，取得了许多有价值的资料，开创了新的人工增雨技术。

云雾物理是天气学“皇冠上的明珠”。成云致雨的机理及其人工增（减）雨的机制，多年来一直是国内外大气科学界关心关注的重要课题。干旱区高山湿岛的地形云生消演变及其对水资源供需调衡和暖湿化，一直以来又是气候学和人影科学研究的主要对象。祁连山是我国西北地区重要的气候格局“制造者”，同时也是内陆河流域的“水塔”。从顾震潮等气象先贤在祁连山人工增雨试验开始，无数气象学者都把祁连山作为云物理实验的重要目标区。多年来，甘肃省的人影工作者联合兰州大学、中国科学院西北生态环境资源研究院以及甘肃省气象部门的科研人员，依托各种气象工程和科研项目，开展以祁连山地形云为目标的科学研究，紧密结合人工影响天气的业务试验，充分利用卫星、雷达观测资料开展无人机高空气象观测和祁连山腹地的地面气象观测。他们把无人机的三维定位观测资料，尤其是无人机深入各云层观测的资料，和其他立体观测资料结合，对祁连山地形云云物理及其人工影响天气进行深入分析，取得了高山区云物理研究的一批喜人的成果，充分发挥了无人机在复杂地形和复杂天气条件下的气象观测利器作用，开创了无人机用于云物理观测研究的先河。

他们把前期的工作进行总结，编写了这本专著，为云物理工作及其人工影响天气的发展做出了积极的贡献。他们的探索使人类“呼风唤雨”的事业再向前迈进了一大步。

衷心希望这本书能为从事人工影响天气的科研和业务人员、教师以及科普工作者等提供借鉴和参考。衷心希望无人机人工增雨能为干渴的陇原大地普降甘霖，能为绿水青山贡献新的力量。

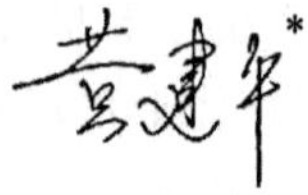*

2023 年 3 月 29 日于兰州

* 黄建平，中国科学院院士，兰州大学教授，博士生导师。

# 序二

科学发展和技术进步为人类插上了智慧的翅膀。21世纪以来，人工影响天气事业取得了突飞猛进的发展，研究型业务的进展态势方兴未艾。国家发展和改革委员会联合中国气象局印发《全国人工影响天气发展规划(2014—2020年)》，实施六大区域人工影响天气现代化建设工程，国务院办公厅印发〔2020〕47号文件，大力推进人工影响天气高质量发展。

从2018年开始，甘肃省人影工作者紧盯无人驾驶飞机(简称无人机)的新技术优势，在全国范围内广泛开展了大型无人机用于人工增雨的可行性调研。针对飞机人工增雨的业务需求，提出了无人机增雨的续航能力、巡航时间、巡航速度、最大飞行高度、抗风能力、有效控制半径、有效载荷、易改装性等无人机人工增雨技术指标；梳理分析出无人机人工增雨需要解决的技术难题，如无人机具备防/除冰的能力、结冰自救能力、易于改装实现地面作业指挥的能力、空中机载探测能力、有效载荷冗余能力等。

2019年以来，他们按照前期调研形成的可行性研究报告，成立组织机构，联合相关企业和军、民航部门开展无人机改装和技术攻关；多次研讨制定无人机改装方案、试验方案、试飞方案、祁连山山区增雨方案、地面指挥方案等技术方案；探索制定无人机增雨作业流程、无人机实施增雨工作的技术需求和人影装备的技术参数；研发了机载仪器、通信设备、指挥系统设备、作业设备应用软件系统。

在改装试验过程中，他们把西北人影工程建设的成果和无人机人工增雨试验项目相结合，使工程建设的效益最大化；把祁连山地形云试验研究和无人机试验研究相结合，取得了比较理想的科研成果；获得了许多复杂气象条件下的试验数据，揭示了地形云的某些云物理特征及其生消规律；探索了无人机空域管理使用中的技术难题，经过数次试验中无人机飞行与空域管制部门的配合，不断加深了空域管制部门对无人机空域管理的认识，推动了无人机人工增雨作业空域管理技术的进步，加快了相关标准制定的步伐。他们开创的无人机航线设计、空域保障、业务流程等人工增雨业务技术，为今后类似业务和试验提供了借鉴。

“风雨之后见彩虹”，作者总结前期工作成果，编写了这本专著，为国内外开展无人机人工增雨工作提供了借鉴和参考。

“潮平岸阔催人进，风正扬帆正当时”。我们期待各类“科技范”的大型无人机助力人工增雨，见证人影高质量发展的美好明天！

李集明*

2023年3月

* 李集明，中国气象局人工影响天气中心副主任，正高级工程师。

# 前　言

气象灾害种类繁多，对人类的生产生活有着深刻的影响。呼风唤雨、趋利避害，是人类从古至今所追求的美好愿望。甘肃省尤其受干旱和冰雹的影响最大，民众和社会对增雨、防雹有着强烈的需求和期盼。300多年前民间就使用土炮人工防雹，一直延续到20世纪70年代初。甘肃也是全国有组织地开展人工影响天气工作最早的省份之一，1958年9月，中国科学院地球物理研究所在榆中进行干冰催化降雨试验成功，开启了甘肃人工影响天气的序幕，是甘肃人工影响天气史上的重要里程碑。20世纪90年代以来，甘肃人工影响天气由初期的科研探索阶段过渡到常态化、业务化、正规化、现代化的大发展时期。人工影响天气业务支撑能力建设和应用技术研发方面取得了明显进展；业务现代化和安全监管体系建设逐步完善；作业装备和人才队伍不断发展。初步建立了现代人工影响天气业务系统，研发了集决策分析、作业指挥、效果评估、空域申请、弹药管理等于一体的甘肃省人影综合业务平台。在各级政府和军队的大力支持下，广大人工影响天气工作者筚路蓝缕、发奋努力，取得了令人瞩目的成就。

新时代甘肃人工影响天气要继续做好保障经济社会发展、防灾减灾、生态修复、环境治理、乡村振兴等工作，并通过现代科技力量，提高人工影响天气的质量和效益，发挥甘肃人工影响天气在生态文明、精准扶贫、新一轮西部大开发建设中的作用，实现人工影响天气科学、协调和安全发展。首当其冲需要解决水资源短缺的环境约束问题，开发空中云水资源，增加水资源总量。目前，甘肃省人工增雨主要依靠一架新舟60飞机在空中开展增雨作业。有人飞机作业在风云翻滚的复杂气象条件下和山体高大复杂的地形条件下，经常受到安全因素的制约，而深厚的云层和高大的山体区域往往是云水资源的富集区和人工增雨的潜力区。面对这一技术难题，甘肃人影工作者进行了积极的探索和有目的的科学试验。

从2018年开始，甘肃省人影工作者紧盯无人驾驶飞机（简称无人机）的新技术优势，在全国范围内广泛开展了大型无人机用于人工增雨的可行性研究，汲取了前期各地开展小型无人机探测增雨成功的做法和失败的教训。针对飞机人工增雨的业务需求，甘肃人影部门提出了无人飞机增雨的技术指标，如续航能力、巡航时间、巡航速度、最大飞行高度、抗风能力、有效控制半径、有效载荷等；并前瞻性地提出无人机人工增雨在复杂气象条件下需要解决的技术难题，如无人机具备防/除冰的能力、结冰自救能力、易于改装实现地面作业指挥的能力、空中机载探测能力、有效载荷冗余能力等；按照前期调研形成的可行性研究报告，成立组织机构，联合相关企业和军民航部门开展无人机改装和技术攻关；研讨制定无人机改装方案、试验方案、试飞方案、祁连山山区增雨方案、地面指挥方案等技术方案；探索无人机增雨作业流程、无人机实施增雨工作的技术需求并制定人影装备的技术参数。甘肃人影部门克服空域紧张的难题，夜间开展无人机祁连山增雨试验，打破了有人飞机不能夜航祁连山增雨的禁区。通过试验确定了无人机机载大气探测系统、人工影响天气作业系统、地面控制系统和综合保障系统的技术参数；研发了机载仪器、通信设备、指挥系统设备、作业设备应用软件系统；特别是第一家取得无人机高空防/除冰技术突破，实现复杂气象条件下的无人机人工增雨作业。利用无人机能深入深厚云层和复杂气象条件的能力，设计了许多有针对性的人工增雨试验方案、云物理探测方案、人影效果评估方案，获得许多复杂气象条件下的试验数据，揭示了地形云的某些云物理特征及其生消规律。探索了无人机航线设计、空域保障、业务流程等人工增雨业务技术，为今后类似业务试验提供了借鉴。

在大型无人机人工增雨试验中，中国气象局和甘肃省委省政府高度重视，多次召开会议安排部署，批示和协调解决工作中的困难和问题。中国气象局应急减灾与公共服务司和人工影响天气中心领导以及技术专家多次到试验现场调研指导工作。人工影响天气中心组织专家对试验方案进行论证，安排专业技术人员参加试验。甘肃省政府相关部门、相关厅局大力支持，帮助开展试验。中航(成都)无人机系统股份有限公司、航空工业成都飞机设计研究所、中航天水飞机工业有限公司、中国科学院兰州化学物理研究所、甘肃长风电子科技有限公司、陕西中天火箭技术股份有限公司、四川西物激光技术有限公司、北方激光研究院有限公司、中国科学院电子所、安徽航瑞航空动力装备有限公司、兰州大学大气科学学院、公航旅无人机有限公司等单位参加了相关装备研发、技术攻关、无人机改装和无人机试验等工作。甘肃省气象局领导多次召开会议，研究和推进试验工作，积极向上级汇报工作进展，协调解决问题，组织相关试验。甘肃省人工影响天气办公室、兰州中心气象台等单位人员，昼夜全程开展祁连山无人机增雨试验。以上单位和部门的领导、专家、技术人员大力支持、通力配合，保障了首家大型无人机人工增雨试验的圆满成功。

总结过去，启迪未来。为方兴未艾的无人机人工增雨事业承前启后、提供借鉴。我们组织多位专家学者以及参加无人机人工增雨技术开发和试验的人员，亲自撰稿，编辑出版了《大型无人机人工增雨试验》一书。本书系统地介绍了甘肃省祁连山大型无人机人工增雨试验的成果。全书共分为 10 章，第 1 章由付双喜执笔；第 2 章、第 5 章、第 6 章、第 7 章由张丰伟执笔；第 3 章由王蓉执笔；第 4 章由中航无人机公司执笔；第 8 章、第 9 章、第 10 章由尹宪志执笔。

在本专著编写过程中，得到了相关专家和领导的大力支持。中航(成都)无人机系统股份有限公司总经理李永光、甘肃省公航旅无人机公司总经理王国权对本书的出版给予了大力支持。中航(成都)无人机系统股份有限公司崔济多审阅了相关内容。陕西中天火箭技术股份有限公司总经理李健、部门经理孙永涛及李念提供和审阅了第 10 章 10.1 节和 10.4 节的相关内容。中兵及四川西物激光技术有限公司于子平、孙海铎、王乐、史晓丁、党海龙、姚凯、刘强、刘国峰等领导和专家提供并审阅了第 10 章 10.3 节的相关内容。三维时空软件公司李建军、段彬审阅了第 9 章的相关内容。以上领导和专家的支持,使本书的出版能够进展顺利,为此,特表感谢!

甘肃省人工影响天气办公室奚立宗、程鹏、罗汉、把黎、庞朝云、丁瑞津、王琦、李宝梓、黄山、王研峰、刘莹和中航无人机系统崔济多、汪京城、安大卫、张征东、简波等参与了编写工作。兰州中心气象台的正高级工程师杨建才总工,多次参与了祁连山无人机增雨试验,为科研试验提供了指导,谨以此书的出版致以深切怀念!

该书不仅是研究甘肃人工影响天气的文献资料类图书,也是开展飞机人工增雨、防灾减灾的科研参考资料。本书编写过程中,严格遵循实事求是的原则,通过网络查阅了无人机方面的大量文献资料,反复核对,力求准确。本书内容符合保密工作的相关要求,同时具有较高的无人机人工增雨工作的系统性。本书还引用了相关的无人机试验的文献资料和照片,附录了无人机试验的大事记。在本书编写过程中得到了许多领导和同事的关心和指导,谨此致以诚挚的谢意。

由于编写时间仓促和编者水平有限,本书内容涉及时间跨度大,章节内容多,又是第一家开展大型无人机人工增雨试验,本书在内容上难免有不当之处,其缺点和错误恳请广大读者指正。

编者

# 目　录

# 第1章 绪 论

人工影响天气是指为避免或者减轻气象灾害，合理利用气候资源，在适当条件下通过人工干预的方式对局部大气的云物理过程进行影响，实现增雨(雪)、防雹、消雾、消云等目的的活动。现阶段，我国人工影响天气(简称为人影)以人工增水和人工防雹为主，还包括人工消雾、人工消云减雨、人工防霜冻等。其服务领域随着经济社会发展与防灾减灾的需求逐渐拓展，包括农业抗旱减灾、云水资源开发、江河湖泊蓄水、生态环境建设、森林草原防火、机场公路消雾、重大活动保障、改善空气质量、应对突发污染事件、城市降温等。

甘肃是全国最早开展人工影响天气的省份之一。甘肃干旱的气候环境和气象灾害多发频发的自然状况，对人工影响天气有着十分迫切的需求。祁连山是西北干旱区内陆河流域的“水塔”，丰富的云水条件是人工增雨业务科研的高地。在祁连山山区开展大型无人机人工增雨试验有着十分重要的意义。

## 1.1 甘肃人工增雨现状

### 1.1.1 甘肃基本情况

甘肃省地貌复杂多样，山地、高原、平川、河谷、沼泽、永久性积雪和冰川、沙漠、戈壁类型齐全、交错分布。复杂的地貌形态，大致可分为各具特色的六大地形区域：陇南山地，大致包括渭水以南、临潭、迭部一线以东的山区，为秦岭的西延部分；陇中黄土高原，位于甘肃省中部和东部，东起甘陕省界，西至乌鞘岭畔；甘南高原，是“世界屋脊”——青藏高原东部边缘一隅，平均海拔超过3000米，是典型的高原区；河西走廊，斜卧于祁连山以北、北山以南，东起乌鞘岭，西迄甘新交界，长1000余千米，是著名的戈壁绿洲；祁连山地，在河西走廊以南，长达1000多千米，大部分海拔在3500米以上，终年积雪，冰川逶迤，是河西走廊的天然固体水库；河西走廊以北地带，东西长1000多千米，海拔在1000～3600米，人们习惯称之为北山山地，这里靠近腾格里沙漠和巴丹吉林沙漠。

甘肃省深居西北内陆，气候类型多样，具有北亚热带、暖温带、中温带和高寒带等多种气候类型，大部分地区气候干燥，属大陆性很强的温带季风气候。冬季寒冷漫长，春夏界线不分明，夏季短促，气温高，秋季降温快。全省各地年平均气温在0～15 ℃，各地海拔不同，气温差别较大，日照充足，日温差大。降水具有降水量少、地区差异大、年内分配不均、年际变化大四大特点。全省各地年降水量 42～760 毫米，大致从东南向西北递减。

甘肃河西降水稀少，属干旱区，是依靠源于祁连山的内陆河灌溉的绿洲经济区。河东为雨养农业区，既是气候变化敏感区，又是生态环境脆弱带，由于黄土层厚，地下水资源比较贫乏，总体而言，可利用的水资源主要是自然降水。甘肃省年均降水量 300 毫米左右，不及全国的一半，是全国降水最少的几个省份之一。全省年降水量各地差异很大，在 42～760 毫米，自东南向西北减少。河西走廊年降水量为 42～200 毫米，是降水量最少的地区，但祁连山区为 200～400 毫米，局部地区可达 600 毫米。降水多集中在 6—8 月，占年降水量的一半以上，由于甘肃降水量季节性差异大，7—8 月份占年降水量的 40%以上，导致春秋季农业干旱频繁发生。水资源短缺不仅严重影响了工农业生产，而且使城乡居民生活用水和生态用水也受到威胁。

全省水资源主要分属黄河、长江、内陆河 3 个流域、9 个水系。河西走廊主要水源就是祁连山冰川和积雪。祁连山冰川积雪融化成为石羊河、黑河、疏勒河三大水系、56 条内陆河流的源头，年径流量 72.6 亿立方米，是维系河西的命脉所在，也是甘肃河西走廊经济文化繁荣的基本保证。可是，近年来，祁连山冰川融水却比 20 世纪的 70 年代减少了大约 10 亿立方米。冰川局部地区的雪线正以年均 2.0～6.5 米的速度上升，有些地区的雪线年均后退竟达 12.5～22.5 米。专家分析，冰川退缩、雪线上升除自然气候的因素外，另一个主要原因是人口增长。超载放牧、过度开垦、乱砍滥伐破坏了冰川区域的生态环境，导致祁连山冰川缩减，这也是导致河西走廊沙漠化、成为中国四大沙尘暴策源地的原因之一。面对日益恶化的祁连山冰川资源，有识之士呼吁："保护祁连山冰川，就是保护祁连山的生态环境，就是保护河西走廊的生命线"。

甘肃干旱少雨、风大多沙，再加上人为因素的影响，导致甘肃省森林覆盖锐减，湖泊水位下降、面积萎缩，冰川退缩、雪线上升，水资源较少、供需矛盾突出、水质恶化，草原退化、荒漠化加剧，气象灾害频发。由于 20 世纪 90 年代以来干旱趋于严重，更加剧了甘肃省水资源的紧缺。生态环境的恶化直接导致自然灾害的频发，特别是 20 世纪 90 年代以来，甘肃每年冬春季都要发生沙尘暴天气，这不仅对当地人民群众的生产与生活造成极大危害，而且对周边和下游的环境质量也带来了极大的负面影响。

### 1.1.2 甘肃人影工作现状

甘肃省从 1958 年开始开展人影工作，至今已有 60 多年的历史。在党中央、国务院和中国气象局以及地方各级政府的正确领导下，在有关部门和军队的大力支持下，经过几十年尤其是改革开放 30 多年的发展，甘肃人影业务能力和科研水平有了明显提高，作业规模发展较快，服务领域日益扩大，在增雨抗旱、防雹减灾、增加河流湖泊蓄水、生态环境保护、促进人与自然和谐发展等方面发挥了积极作用。人工影响天气已成为各级政府防灾减灾、缓解水资源短缺和改善生态环境的重要措施之一，成为各级政府和军队支持、社会各界称赞、人民群众欢迎的民心工程。

甘肃省现有1架高性能新舟60国家增雨飞机进行人工增雨(雪)作业，平均每年飞机增雨(雪)作业约30架次，作业覆盖面积约28万平方千米，增加降水约12亿～15亿立方米。

甘肃省地面人影作业共有高炮413门、增雨防雹火箭180架、AgI(碘化银)烟炉25套。每年发射人雨弹约3.5万发、火箭弹约5000枚，防雹可保护面积2.93万平方千米，地面增水面积2.38万平方千米，地面防雹保护和增水面积占全省面积45.44万平方千米的11.7%。

通过“十三五”期间的建设，全省气象综合观测体系日臻完善，目前已初步形成了天基、空基和地基相结合，门类比较齐全，布局基本合理的现代化大气综合观测系统，建立了以国家气候观象台、基准气候站、基本气象站、常规气象观测站、L波段雷达探空站、新一代天气雷达站、农业气象观测站、大气成分站、酸雨站、沙尘暴监测站、自动土壤水分观测站、省级区域气象观测站和交通气象站等国家、省级和行业相结合，移动气象观测为补充的现代气象综合观测格局，为开展人影作业提供基础性支撑保障。

### 1.1.3 人影组织管理体系

人工影响天气工作属于基础性、公益性事业，坚持政府领导和统一管理是人工影响天气工作科学发展、协调发展、安全发展的组织保证。自1994年建立全国人工影响天气协调会议制度以来，已初步形成政府领导、部门合作、军地协作的全国人工影响天气组织管理和作业体系，建立了国家、省、地(市)、县四级业务系统。

甘肃基本建立了以各级政府领导，同级气象主管机构管理、实施和指导的人工影响天气领导管理体系：成立了由政府有关领导任组长的人工影响天气领导小组，并在气象部门内建立了专门的人工影响天气组织机构；建立了由地方各级气象部门制定并上报人影工作计划，由同级人民政府审定批准和投资，并协调规划、财政、农牧业、水利、林业、公安、民航、军队等部门相互配合的工作机制；建立了人影业务管理机构，开展了省、市、县人影业务系统建设，建立了一支高素质的业务技术队伍。目前甘肃省从事人工影响天气工作人员1900余人。

## 1.2 人工增雨技术发展

1933年，瑞典科学家贝吉龙等提出，在大部分形成降水的混合云中，降水的形成主要取决于云中是否有足够数量的冰晶，能否通过冰水转化过程形成降水。1946年，美国科学家雪佛尔和纳格相继提出可以在冷云中通过播撒干冰或碘化银的方法，适当增加云中的冰晶数量，促使降水的形成，并通过观测得到证实。这些研究奠定了人影业务的基本科学原理，开创了人影工作的历史。人影具有坚实的科学基础，其科学原理已得到室内实验、野外试验和数值模拟证实。

人工影响天气主要是通过一定的技术方法改变云的微结构，从而改变云降水的发展过程，达到增加降水、防御冰雹、消云、消雾等目的。云和降水的发生、发展是大气动力热力过程和云中微物理过程相互作用的产物，在温度低于0 ℃的自然冷云中，局部过冷水多，但自然冰晶太少，云滴到雨滴降水转化很不充分；在温度低于0 ℃的自然暖云中，云滴大小太均匀，不易产生降水。

人工增水是通过向冷云中播撒催化剂（碘化银、干冰、液氮等），增加云内冰晶浓度，以引发云层降水或增大其降水强度。或是通过向暖云中播撒大小适当的吸湿剂，可以改变云滴谱分布的均匀性，促进云滴凝结碰并增长，生成雨滴增加降水。

人工防雹即是通过过量播撒催化剂，大量增加云中人工冰雹胚胎，争食水分，从而改变云和降水及冰雹的微物理结构，降低成雹条件，抑制冰雹的增长或使冰雹在降落前融化为雨滴。

现代人工影响天气原理是基于自然云和降水的形成过程建立的，是通过大量的室内实验、数值模拟试验和外场科学试验验证的。世界气象组织（WMO）声明，现有的人工增雨作业技术可明显增加过冷地形云的降水，季节性降水量增加了10％～15％。

我国是全球人影大国，目前基本建立了以地方为主的省—地—县三级业务体制。省级业务主要有业务管理，作业（飞机增雨）组织、指导，科研和技术开发；地市级业务主要有业务管理，指挥高炮、火箭作业，作业指挥系统开发；县级业务主要有组织实施高炮、火箭作业，装备管护，信息收集。基本形成了依托气候、天气预测预报掌握降水天气过程，以地面常规观测网、卫星、雷达和云物理特种观测技术和设备观测云和降水的发展演变过程，利用云数值模式、雷达及卫星反演产品对作业条件、潜力区进行识别预测，以雷达实时指挥作业，以飞机播撒碘化银（AgI）、制冷剂（液氮、干冰）对层状云和积层混合云进行催化，以高炮和火箭等运载工具播撒AgI对对流云进行催化，以物理检验和统计检验方法检验作业效果的人影作业技术路线。

我国人影部门联合其他部门研制了达到国际先进水平的AgI复合焰剂、不同高度的新型增雨防雹火箭和机载播撒设备，并投入了业务使用；发展了具有国际先进水平的多维云数值模式，并在部分地区投入了试用；提出了不同温度下使用不同催化剂的指标；一些地区建立了人影作业指标体系，建立了作业指挥业务系统；部分地区按催化要求设计飞机增雨飞行方案，采用了有一定科学依据的统计方法检验飞机增雨效果。

## 1.3 甘肃人工增雨潜力

云水资源是存在于空中可供开发利用的液态和固态水凝物。西北地区每年过境的空中水汽资源总量十分可观，一年四季，来自我国东海、南海、印度洋的水汽源随着季节性的大气环流，源源不断输送到这片干涸土地的上空。空中水资源的更替周期为 8 天左右，远远低于河流 16 天、浅层地下水 1 年的周期。

研究表明，大气可降水量的季节分布规律与实际降水量相似，即使是冬季，也可达 235 毫米。实际降水量的年际波动幅度可高达 8%～13%，而可降水量的波动幅度只有不到 4%，即使是偏少年，潜在的可开发保障率也不会受太大影响。甘肃大部分地区的自然成云效率可达 60%左右，之所以降水少，是由于降水效率不高。

空中云水资源的状况可通过监测分析等方法进行评估。实施人工催化，提高成云致雨水平，是有效开发空中云水资源的唯一手段。人工增雨是开发空中云水资源的主要手段，采用 1991—2000 年 20 时至 20 时降水量对甘肃 80 个县区人工增雨开发潜力进行评估：

增雨潜力＝降水总量×增雨效率×增雨概率

即

$$P_{EP} = H_h \times E_w \times P_e$$
$$= \sum (H_{ht} \times H_{hs}) \times E_w \times (P_c \times P_n \times 1 - P_k) \times P_a)$$

其中，$P_{EP}$ 为增雨潜力，$H_h$ 为降水总量，$E_w$ 为增雨效率，$P_e$ 为增雨概率。

降水总量 $H_h$ 为 $S$ 区域 $T$ 时段的降水总体积(质量)，$H_{ht}$ 为各站点观测的 $T$ 时段内降水总厚度，$H_{hs}$ 为该站点所代表的面积，$H_{ht}$ 和 $H_{hs}$ 乘积为该站点观测的降水体积(质量)，$\sum$指 S 区域内各站点降水体积质量相加。当 $H_{ht}$ 单位为毫米，$H_{hs}$ 单位为平方千米，则 $P_{EP}$ 和 $H_h$ 的单位为千吨。

增雨效率 $E_w$ 为人工增雨量占自然降水量的比例，国内外大量试验结果得出的人工增雨效率平均值为(10%～15%)。

增雨概率 $P_e$ 为适合并实施人工增雨作业所占降水区域时段的比例。

$$P_e = P_c \times P_n \times (1 - P_k) \times P_a$$

其中，$P_c$ 为合适条件出现的概率，$P_n$ 为需求概率，$P_k$ 为避免局地灾害不宜作业的概率，$P_a$ 为现有条件可实现作业的概率。

经评估得出，甘肃省每年人工增雨的潜力约为 113.3 亿～509.7 亿吨，从西北向东南增雨潜力逐渐增大，靠近祁连山区的增雨潜力比河西走廊的潜力大，说明甘肃省空中云水资源开发潜力每年最大可达 510 亿吨。

## 1.4　甘肃人工增雨需求

甘肃省地处黄土高原、青藏高原、内蒙古高原三大高原交汇处，是黄河、长江上游的重要水源补给区，是国家“两屏三带”生态安全屏障的重要组成部分，在全国稳定大局和生态安全战略格局中具有重要的地位。改革开放特别是西部大开发战略实施以来，在国家的支持下，甘肃省始终把生态建设和改善发展条件放在突出的位置，坚持重大生态工程建设与生态环境保护相结合，推进经济社会协调发展，取得了明显的生态效益、经济效益、社会效益，为建设国家生态安全屏障综合试验区积累了重要经验，奠定了坚实的基础。

甘肃省干旱发生频率都比较高，平均“三年一小旱，十年一大旱”。干旱灾害主要是以轻旱和中旱为主，重旱和特旱发生次数相对较少。干旱气象灾害主要分为春旱、夏旱和伏旱。进入20世纪90年代以来，降水量持续偏少、气温持续偏高导致干旱频繁发生，干旱对农业的危害范围呈扩大趋势，危害程度也在增大。干旱不仅使农作物减产，也使林草植被缺水枯死；湖泊水位下降，面积缩小，甚至干涸；河川径流量有减小的趋势；沙漠和沙漠化土地面积明显扩展。

### 1.4.1 生态安全需求

甘肃是我国极其重要的生态环境屏障，自然生态环境十分脆弱，水资源匮乏与本地区自然资源储量极不匹配，与国家发展规划、西部大开发战略部署及甘肃经济社会发展要求极不匹配，甘肃经济社会发展最大的制约因素是水，生态建设与环境保护的关键也是水。水资源短缺已成为影响甘肃经济社会发展的主要瓶颈和制约因素。增加森林绿化率、改善荒漠化、建设生态屏障都需要增加水资源。开发利用云水资源是缓解水资源紧缺的有效途径之一。

### 1.4.2 森林覆盖率低

甘肃现在森林覆盖率仅为11.3%，远远低于国内平均23%的水平。森林覆盖指数每增加1%，年降水量可增加16毫米，每次降水过程有林地比无林地增加降雨量30%～40%。在祁连山1亩①林地，至少能多含蓄20立方米水。

在干旱半干旱区，降水是影响植被变化的主要因子。随着气温持续增高、干旱加剧、径流减少，甘肃省以自然植被为主的大部地区，以及黄河流域植被出现明显退化现象。甘肃省草原面积约2.7亿亩，占全省土地总面积的39.4%，为全国5大牧区之一。在气候变暖背景下，草地不同程度地出现了严重退化、沙化和盐碱化的“三化”现象。

### 1.4.3 荒漠化问题突出

荒漠化问题是我国西北地区面临的最严峻的问题之一。甘肃省荒漠化土地分布在河西五市及白银、庆阳、甘南、兰州、定西、临夏等11个市州的38个县，荒漠化土地总面积19.3万平方千米，占全省总土地面积的42.5%。沙质荒漠化土地面积5262万亩，主要分布在河西走廊的腾格里、巴丹吉林和库姆塔格三大沙漠的前缘及其与绿洲交错地带。黑河流域沙漠化发展速度达到2.6%～6.8%，已成为我国乃至世界上沙漠发展最强烈的地区。

### 1.4.4 水土流失

甘肃省陇东陇中黄土高原，每年流入黄河的泥沙4.92亿吨，占黄河年均输沙量的

---

① 1亩=666.67米$^2$。

30.8%。近 20.95 万平方千米水土流失面积亟需整治，占全省总国土面积近 50%。水土流失严重的区域大多处于干旱与半干旱地带，干旱缺水、植被覆盖差、气候变暖使旱情加剧，植被覆盖度下降、滥垦滥伐、毁林毁草开荒加剧了水土流失。

### 1.4.5　湖泊和湿地

气候变化对湿地的影响更具有区域性和广泛性。气候变化背景下，甘肃省湿地大都出现了明显的退化，表现为湿地面积快速萎缩、湿地生态功能的减弱和湿地生物多样性的丧失等。由于湿地的正常演变规律遭到破坏，年际波动振幅加大，致使生态系统脆弱性加大、功能衰退，生态安全面临的风险增加。

### 1.4.6　盐渍化

土壤盐渍化是指易溶性盐分在土壤表层积累的现象或过程，也称盐碱化。土壤次生盐渍化是危及干旱区农业发展的一个重要问题。甘肃雨量稀少、气候干燥、蒸发量大、土壤本身积盐强烈、农田灌溉用水量高、过量水入渗使矿化度高的地下水水位升高，易形成土壤次生盐渍化。

人工增雨是最直接、最有效、也是投入成本最低的一种增加降水的措施，它实际上起着调节云水资源季节性和地区性分布不均的作用。研究表明，只要具备一定的天气条件和适合的云物理条件，人工增雨作业可在自然降水基础上增加 10%～15%。

## 1.5　祁连山人工增雨的独特性

### 1.5.1　祁连山生态重要性

祁连山是一个庞大的生态系统，海拔在 3000～6000 米，山腰多冰川，被誉为“冰源水库”。在海拔 2500～3500 米的坡地为原始森林与大片草地，构成祁连山独特的水源涵养林。这些森林山峰处于“冰源水库”和河川水系之间，起着调蓄、涵养水源、保持水土、增加水量、调节气候的作用。因此，河西走廊的生态状况与祁连山的生态状况有着千丝万缕的联系。甘肃省的三大内陆河——黑河、石羊河、疏勒河都发源于此。从祁连山流出的水养育着甘肃省众多人口，对甘肃省生态环境和社会经济发展起着巨大支撑作用。作为甘肃省三大内陆河的发源地，祁连山的水资源状况无疑对河西地区的水资源有重要的影响。

冰川是气候的产物，冰川的变化与气候变化密切相关。冰川的积累和消融强度受降水和气温的控制，冰川的积累与消融同发源于祁连山的河流径流量有密切关系，这也直接影响河西地区水资源的利用。据计算，河西走廊每年获得的祁连山区的出山径流总量约为 $69.96\times10^8$ 立方米，河西走廊各县市境内河流实有年径流量为 $1.12\times10^5$ 立方米。各县市绿洲实际水资源达 285～770 毫米，为其年降水量的

1.3～18.5倍。这也充分体现了祁连山天然水库的作用。

甘肃祁连山区主要包括武威、金昌、张掖、嘉峪关和酒泉五市，是甘肃最主要的工农业生产基地和人口聚居区。该地区绿洲的维持和区域工农业生产活动的开展完全依赖发源于祁连山区的石羊河、黑河、疏勒河等大大小小60多条内陆河。目前，黑河流域水资源开发利用率已达98%，石羊河流域水资源开发利用率已高达155%，属于资源性严重缺水地区。黑河不仅是河西走廊农业、工业和生活用水的重要来源，而且还担负着保护下游生态环境的艰巨任务（按国务院制定的分水任务，在正常来水量15.8亿立方米时，每年为内蒙古分水9.5亿立方米以上）。近年来由于人口增长和工农业生产的发展，水资源供求矛盾日益突出，石羊河和黑河流域水资源开发利用程度已超过当地水资源的承载能力，由此导致地下水位下降、生态退化、部分绿洲萎缩、沙尘暴肆虐等一系列严重的生态环境问题，石羊河下游地区的民勤县荒漠化土地占全县总面积的94.5%，而且北部流沙仍以平均每年8～10米的速度前移，地下水位较20世纪70年代下降了10～20米，个别地方高达40米，并仍以0.5～1.0米/年的速度下降，严重制约了当地经济的可持续发展和人民生活水平的提高。

水资源短缺不仅严重制约了经济的可持续发展，而且引发了许多生态环境问题。20世纪后期，干旱频繁发生，导致祁连山区森林覆盖率持续降低、草原退化日趋严重、天然水域缩小、地下水位下降、湖泊干涸、雪线上升、土地沙化面积扩大、沙尘暴频发。

祁连山地区经济发展对于水资源的需求日益迫切，解决好地区工农业生产用水和人民生活用水问题对于甘肃省社会经济可持续发展、人们生活和谐稳定具有重要意义。据专家推算，若在祁连区域进行人工增雨作业，可为祁连山增加10%～15%的降水，每年可增加降水约7亿立方米。同时，这还将是保护祁连山冰川、缓解水资源短缺、防治生态恶化的治本之策。

发源于祁连山的石羊河、黑河、疏勒河等内陆河流维系着河西绿洲的经济社会发展和流域内的生态平衡。山区冰雪融水通过地表径流、地下径流、地下渗水来到绿洲平原，以内陆河流链接成冰川-草原-绿洲-沙漠（戈壁）的自然景观。如果在祁连山开展人工增雨（雪）作业，增加的降水不仅补充区域地表水和地下水，减缓冰川和积雪损耗，还会汇入河流流出区域之外，缓解下游水资源短缺的压力，维持流域生态环境变化和绿洲经济社会的持续发展，人工影响天气的生态效益可延伸至内蒙古西部。

### 1.5.2 祁连山空中云水资源潜力大

祁连山位于青藏高原东北边缘，属高寒气候类型，海拔4000米以上的山区终年积雪，发育着现代冰川，是一座天然“高山水塔”，既是石羊河、黑河、疏勒河等内陆河流的发源地和径流形成区，也是阻挡库姆塔格沙漠、巴丹吉林沙漠和腾格里沙漠蔓延侵袭的天然屏障，承担着维护青藏高原生态平衡、我国西部地区甚至整体中国生态安全的重任。祁连山的生态保护和治理，已成为保持甘肃河西乃至整个西北地区人与自然和谐发展的关键问题。

祁连山生态修复对人工增雨需求日益凸显，受到中央和社会各界的广泛关注，2018 年全国两会上人大代表提交了《关于加快推进祁连山生态修复型人工增雨（雪）作业能力建设的提案》。2018 年 3 月 7 日，甘肃省副省长访问中国气象局，提出加快推进祁连山生态修复型无人机增雨（雪）能力建设。基于此，甘肃省政府决定发挥无人机优势，开展祁连山生态修复型增雨工作。

国内外地形云增雨试验研究表明，地形云是最具有增雨潜力的云系，其增雨效果得到国际气象组织的认可。中国气象局和甘肃省气象局联合在祁连山中段进行 4 年多的地形云野外观测试验，初步建立了该区域地形云形成降水的物理模型，开展了小规模的增雨试验。试验表明，在祁连山区开展地形云人工增雨作业是可行的。祁连山区的水汽、天气、地形及微物理条件都十分有利于人工增雨（雪）工作的开展，尤其是当地丰富的地形云资源、区域空中水资源开发潜力巨大。

在祁连山区开展人工增雨（雪）工作后，增加的降水可以转化为地表径流有效补充黑河、疏勒河、石羊河等地表水资源，缓解中下游地区水资源紧张矛盾，保障祁连山区走廊绿洲生态环境。同时，通过冬季人工增雪工作的开展，既缓解了冬季降水的不足，又能对祁连山冰川起到保护作用，减缓雪线上升，维持生态平衡。

因此，在祁连山区开展人工增雨（雪）作业，有着坚实的科学依据和成功经验，对祁连山地区水资源供应在总量增加、时空分布的调整上均能发挥相应作用，区域空中水资源开发潜力与效益突出。

## 1.6　人工增雨在社会服务中的作用

### 1.6.1　气象防灾减灾

我国是气象灾害最多的国家之一，气象灾害造成的损失约占各种自然灾害损失的 70％以上。在全球气候变暖背景下，极端天气气候事件影响力日趋加剧，其中干旱和冰雹对西北地区经济社会发展造成重大危害。

甘肃大部分地方典型的干旱、半干旱地区，干旱发生的次数频繁、程度严重、持续期长。大部分地区年降雨量 50～500 毫米，极度不均匀，因此形成了十年九旱、春夏连旱、农牧业旱灾、人畜饮水困难的局面。

有效提高气象防灾减灾能力，保障农牧区生产，这就对利用人工影响天气手段开展增雨抗旱、防灾减灾提出了更高的要求。应用新的科学技术、改进人工增雨（雪）的技术措施、提高作业水平、大力开发利用空中云水资源是不断提高防灾减灾效果的必然要求，也是农牧业生产稳定发展的客观要求。

### 1.6.2　公共气象服务

我国重大森林火灾时有发生，人工增雨是预防和扑灭森林草原火灾的重要手段。

由于甘肃降水量偏少、干旱严重，火险等级明显上升，极易发生火灾。火灾一旦发生，将迅速蔓延，给生态系统造成毁灭性的损失。人影对森林草原防火的作用越来越大。所以，开发空中水资源对甘肃森林防火是十分必要的。

重大社会活动和重大突发事件对人工消云、消雨和防雹的需求也有不断增长的趋势。2008 年北京奥运会、2009 年庆祝中华人民共和国成立 60 周年大会、2010 年广州亚运会、2016 年 G20 杭州峰会、2018 年天津全运会、2019 年武汉军运会、2021 年庆祝中国共产党成立 100 周年大会和陕西省全运会等重大活动成功实施人工消云减雨作业保障后，各种重大社会活动对人影增强气象保障提出了迫切的要求。甘肃在此方面也对人影工作提出了更高的需求，已成为一项常态化的气象保障服务工作。如 2011 年兰州国际马拉松赛等重大社会活动均提出了人工消雨作业要求。

另外，甘肃由于地理环境独特，生态环境脆弱，一直是我国沙尘天气频发区和主要沙尘暴策源地。开展人工增雨作业，有助于退耕还林、植树种草、加大植被覆盖面积、改善天然草场植被、促进生态环境保护。

综上所述，在甘肃河西地区特别是祁连山区实施大型无人机增雨(雪)试验，提高人工增雨(雪)作业能力、提高水资源时空配置、增加水资源总量，是改善生态环境的有效手段，是解决甘肃水资源短缺有效途径，是提高西北区域农业生产能力、保障粮食安全、保证社会公共安全、促进社会和谐发展的需求。

## 1.7 传统人工增雨技术方法

### 1.7.1 目前人工增雨的作业方式大体有三种

第一种是在地面布置 AgI 燃烧炉。催化剂依靠山区向阳坡在一定时段常有的上升气流输送入云。这种方式主要适合于经常有地形云发展、交通不便的山区。

第二种是通过高炮和火箭为主的地面作业。将催化剂在合适的时段按需要的剂量输送到云的合适部位，适合于在固定目标区(如为水库增水)作业。

第三种是飞机催化作业。飞机催化作业的面比较宽，可以根据不同的云层条件和需要，选用暖云催化剂及其播撒装置，选用制冷剂及其播撒装置(如干冰、液氮)，也可挂载 AgI 燃烧炉、挂载飞机焰弹发射系统等。一般说来少云或者晴空条件下，就不能进行飞机人工增雨。

### 1.7.2 目前人工增雨有冷云催化、暖云催化、动力催化三种方法

(1)冷云催化

在自然云内冰晶浓度有时不足，这时需要引进人工冰核，使云中微观结构发生变化，促进冷云降水过程而增加降水量，这种作用过程叫冷云催化。在冷云降水过程中，冰晶的浓度起着重要作用。据有关资料介绍，冰晶浓度达到 10～100 个/升量级

时降水效率较高。在冷云催化中，云的温度条件十分重要。一般来说，当云顶温度很低时，冰核自然活化的浓度很高，云中自然冰晶浓度较高，自然降水过程进行得比较充分，增雨潜力比较小。反之，冰晶和水的饱和水汽压差异较小，冰晶的增长速率比较低，人工冰核物质的成冰能力也大大降低，人工催化很难达到要求的冰晶浓度。因此，有资料显示，当云顶温度在 −24～−10 ℃范围时进行催化，效果比较好，这个温度范围被称为"催化温度窗"。

(2)暖云催化

在温度高于 0 ℃的暖云里，降水主要在云滴碰并过程中得到发展。云滴越大，碰并增长就越快。计算表明，当云滴半径超过 0.02 毫米时，就可以迅速碰并而长成雨滴。在那种大云滴的浓度不足的自然云中，播撒大量半径大于 0.02 毫米的水滴，就能够促进降水过程。计算表明，每克水可以形成约几百万个大云滴，要催化 10 立方千米的云体，则需要几吨水。

(3)动力催化

通过冷云催化使云中产生大量冰晶，所释放的凝华潜热改变积云的宏观动力过程而增加降水。它是 20 世纪 60 年代在人工降水试验方面的一项进展。积云中上升气流的速度，主要决定于云内外温差造成的浮力。在发展旺盛的积云内，存在着大量过冷水滴。在这种云中播撒大量的成冰催化剂时，能使过冷水滴冻结而释放潜热，水汽在冰粒表面凝华时也释放潜热。估计这两种潜热足以使云中局部温度升高 0.5 ℃左右，这将加大浮力而促使某些积云的上升气流迅速增大，云体扩展，生命期延长，结果使进入云体的水分总量增大而增加降水量。

## 1.8　无人机人工增雨技术的发展前景

甘肃开展人影业务已有 60 多年的历史，目前采用的人工增雨(雪)方式主要通过地面发射增雨/防雹火箭、燃烧烟炉、有人飞机挂载增雨载荷等。常规人工增雨作业分析如表 1.1。

**表 1.1　常规人工增雨作业分析**

| 常规增雨方式 | 优势 | 存在问题 |
|---|---|---|
| 地面发射增雨火箭 | • 建设成本低，可配置到县级<br>• 设备便于维护，操作简便<br>• 使用不受气象条件限制 | • 地面机动部署，受地形限制大<br>• 受火箭弹道限制增雨效率不足<br>• 火箭残骸掉落存在安全隐患 |
| 地面燃烧烟炉 | • 建设成本低，根据地形配置<br>• 依附地形、气流自由上升扩散，无需动力源 | • 地面固定部署，灵活性差<br>• 烟柱顺山势从地面随上升气流至云层才能发挥作用，效率低 |
| 有人飞机播撒焰条 | • 较地面设施，播撒面积大、效率高<br>• 带载荷多，可同时携带增雨载荷及云物理观测载荷 | • 作业环境复杂，威胁机上人员安全<br>• 一般只能白天执飞<br>• 飞行航程、高度有限<br>• 机载数据无法实时通信处理 |

根据人工增雨(雪)作业和云物理探测需求，结合大型无人机自身能力，无人机增雨有如下优势：

(1)机动性好，作业时间长，人员舒适性、安全性得到保障；

(2)飞行高度高、航时长、昼夜均可作业，执行任务效率高；

(3)机翼挂点多、挂载能力强；

(4)机载数据、气象数据可实时传输至地面系统并实时指挥；

(5)地面系统可根据气象变化调整无人机飞行航线、飞行高度。

(6)无人机可在复杂山区和复杂云系中飞行。

因此，综合地面增雨设施、有人机、大型无人机各方优势，弥补不足，未来人工增雨(雪)作业将是有人机+无人机协同完成或无人机独立完成探测、作业以及作业效果评价。

根据《全国人工影响天气发展规划(2014—2020年)》，西北区域是我国六大人工影响天气区域之一，也是继东北区域后我国下一个重点发展人影工程的区域。而西北区域飞机人工增雨(雪)作业的主要目标是受山脉(天山、昆仑山、阿尔泰山、祁连山、秦岭)作用形成的水平尺度及影响范围比较广的地形云系，以积层混合云为主。由于祁连山在西北生态屏障、水资源、森林、粮食主产区等方面的重要作用，甘肃省重点推进祁连山人工增雨(雪)体系工程(二期)等四项重点工程。

在甘肃率先开展大型无人机增雨(雪)作业，不仅可以极大提高作业效率，而且在推进西北区域人影工程建设，甚至在全国范围内推广无人机在人影工程中的应用，都具有创新示范的重要意义。

## 参考资料

邓北胜，2011. 人工影响天气技术与管理[M]. 北京：气象出版社.

国家发展改革委，2017. 国家发展改革委关于西北区域人工影响天气能力建设工程可行性研究报告的批复(发改农经〔2017〕118号)[Z].

杨军，陈宝君，银燕，等，2011. 云降水物理学[M]. 北京：气象出版社.

张蔷，郭恩铭，何晖，等，2011. 人工影响天气试验研究和应用[M]. 北京：气象出版社.

中国气象局和国家发展改革委，2014. 全国人工影响天气发展规划(2014—2020年)[Z].

# 第2章　大型无人机人工增雨技术

无人驾驶飞机是利用无线电遥控设备和自备的程序控制装置操纵的不载人飞机，或者由车载计算机完全或间歇自主地操作。

与有人驾驶飞机相比，无人机往往更适合危险的任务。无人机按应用领域，可分为军用与民用。军用方面，无人机分为侦察机和靶机。民用方面，无人机＋行业应用，是无人机真正的“刚需”；在航拍、农业、植保、微型自拍、快递运输、灾难救援、观察野生动物、监控传染病、测绘、新闻报道、电力巡检、救灾、影视拍摄等领域的应用，大大拓展了无人机本身的用途。

## 2.1　无人机技术发展的现状

### 2.1.1　无人机的定义

无人驾驶飞机简称“无人机”(UAV)，是利用无线电遥控设备和自备的程序控制装置操纵的不载人飞行器。无人机实际上是无人驾驶飞行器的统称，从技术角度定义可以分为无人固定翼飞机、无人垂直起降飞机、无人飞艇、无人直升机、无人多旋翼飞行器、无人伞翼机等。与载人飞机相比，它具有体积小、造价低、使用方便、对环境要求低、战场生存能力较强等优点。

2013年11月，中国民用航空局(CAAC)下发了《民用无人驾驶航空器系统驾驶员管理暂行规定》(以下简称《规定》)，由中国航空器拥有者及驾驶员协会(AOPA)负责民用无人机的相关管理。根据《规定》，内地无人机操作按照机型大小、飞行空域可分为11种情况，其中仅有116千克以上的无人机和4600立方米以上的飞艇在融合空域飞行由民航局管理。其余情况，包括日渐流行的微型航拍飞行器在内的其他飞行，均由行业协会管理或由操作手自行负责。

### 2.1.2　无人机的发展

无人机最早在20世纪20年代出现，1914年第一次世界大战正进行得如火如荼，英国的卡德尔和皮切尔两位将军，向英国军事航空学会提出了一项建议：研制一种不用人驾驶，而用无线电操纵的小型飞机，使它能够飞到敌方某一目标区上空，将事先装在小飞机上的炸弹投下去。这种大胆的设想立即得到当时英国军事航空学会理事长戴·亨德森爵士赏识。他指定由洛教授率领一班人马进行研制。无人机当时是作为训练用的靶机使用的，是一个许多国家用于描述最新一代无人驾驶飞机的术语。

20 世纪 40 年代，二战中无人靶机用于训练防空炮手。1945 年，第二次世界大战之后将多余或者是退役的飞机改装成为特殊研究或者是靶机，开创了近代无人机使用趋势的先河。随着电子技术的进步，无人机在担任侦查任务的角色上开始展露其重要性。

1955 年到 1974 年的越南战争，以及其后的海湾战争乃至北约空袭南联盟的战争中，无人机都被频繁地用于执行军事任务。

1982 年，以色列航空工业公司首创以无人机担任其他角色的军事任务。在黎巴嫩战争时期，侦察者无人机系统曾经在以色列陆军和以色列空军的服役中担任重要战斗角色，主要用于侦察、情报收集、跟踪和通信。

1991 年的沙漠风暴作战当中，美军曾经发射专门设计欺骗雷达系统的小型无人机作为诱饵，这种诱饵也成为其他国家效仿的对象。

1996 年 3 月，美国国家航空航天局研制出两架试验机：X-36 试验型无尾无人战斗机。该型机长 5.7 米，重 88 千克，其大小相当于普通战斗机的 28%。该型机使用的分列副翼和转向推力系统比常规战斗机更具有灵活性。水平垂直的尾翼既减轻了重量和拉力，也缩小了雷达反射截面。无人驾驶战斗机执行的理想任务是压制敌防空、遮断、战斗损失评估、战区导弹防御以及超高空攻击，特别适合在政治敏感区执行任务。

20 世纪末期之前，无人机不过是比全尺寸的遥控飞机小一些而已。美国军方在这类飞行器上的兴趣不断增长，因为他们提供了成本低廉，极富任务弹性的战斗机器，这些战斗机器可以被使用而不存在飞行员死亡的风险。

20 世纪 90 年代，海湾战争后，无人机开始飞速发展和广泛运用。美国军队曾经购买和自制先锋无人机在对伊拉克的第二次和第三次海湾战争中作为可靠的作战系统。

20 世纪 90 年代后，西方国家充分认识到无人机在战争中的作用，竞相把高新技术应用到无人机的研制与发展上：新翼型和轻型材料大大增加了无人机的续航时间；采用先进的信号处理与通信技术提高了无人机的图像传递速度和数字化传输速度；先进的自动驾驶仪使无人机不再需要陆基电视屏幕领航，而是按程序飞往盘旋点，改变高度和飞往下一个目标。

### 2.1.3 无人机的分类

国内外无人机相关技术飞速发展，无人机系统种类多、用途广、特点鲜明，致使其在尺寸、质量、航程、航时、飞行高度、飞行速度、飞行任务等多方面都有较大差异。由于无人机的多样性，出于不同的考量会有不同的分类方法。

按飞行平台构型分类，无人机可分为固定翼无人机、旋翼无人机、无人飞艇、伞翼无人机、扑翼无人机等。

按用途分类，无人机可分为军用无人机和民用无人机。军用无人机可分为侦察无人机、诱饵无人机、电子对抗无人机、通信中继无人机、无人战斗机以及靶机等；民用无人机可分为巡查/监视无人机、农用无人机、气象无人机、勘探无人机以及测绘无人机等。

无人机按照性能指标分为微型、轻型、小型、中型和大型。微型无人机，空机重量小于 0.25 千克；轻型无人机，空机重量不超过 4 千克且最大起飞重量不超过 7 千克，但不包括微型无人机；小型无人机，空机重量不超过 15 千克且最大起飞重量不超过 25 千克，但不包括微型、轻型无人机；中型无人机，最大起飞重量不超过 150 千克的无人机，但不包括微型、轻型、小型无人机；大型无人机，最大起飞重量超过 150 千克的无人机。

按活动半径分类，无人机可分为超近程无人机、近程无人机、短程无人机、中程无人机和远程无人机。超近程无人机活动半径在 15 千米以内，近程无人机活动半径在 15～50 千米，短程无人机活动半径在 50～200 千米，中程无人机活动半径在 200～800 千米，远程无人机活动半径大于 800 千米。

按任务高度分类，无人机可以分为超低空无人机、低空无人机、中空无人机、高空无人机和超高空无人机。超低空无人机任务高度一般在 0～100 米，低空无人机任务高度一般在 100～1000 米，中空无人机任务高度一般在 1000～7000 米，高空无人机任务高度一般在 7000～18000 米，超高空无人机任务高度般大于 18000 米。

2018 年 9 月份，世界海关组织协调制度委员会(HSC)第 62 次会议决定，将无人机归类为“会飞的照相机”。无人机按照“会飞的照相机”归类，就可以按“照相机”监管，各国对照相机一般没有特殊的贸易管制要求，非常有利于中国高科技优势产品进入国外民用市场。

### 2.1.4　无人机的民用领域

在警用、城市管理、农业、地质、气象、电力、抢险救灾、视频拍摄等行业，无人机的用途广泛。

(1)电力巡检

装配有高清数码摄像机和照相机以及 GPS(全球定位系统)定位系统的无人机，可沿电网进行定位自主巡航，实时传送拍摄影像，监控人员可在电脑上同步收看与操控。

(2)农业保险

利用集成了高清数码相机、光谱分析仪、热红外传感器等装置的无人机在农田上飞行，准确测算投保地块的种植面积，所采集数据可用来评估农作物风险情况、保险费率，并能为受灾农田定损，此外，无人机的巡查还实现了对农作物的监测，实施农药播撒和种子播撒。

(3)环保工作

无人机在环保领域的应用，大致可分为三种类型：一是环境监测，观测空气、土壤、植被和水质状况,也可以实时快速跟踪和监测突发环境污染事件的发展;二是环境执法,环境监测部门利用搭载了采集与分析设备的无人机在特定区域巡航,监测企业工厂的废气与废水排放,寻找污染源;三是环境治理,利用携带了催化剂和气象探测设备的柔翼无人机在空中进行喷洒,与无人机播撒农药的工作原理一样,在一定区域内消除雾霾。

(4)影视剧拍摄

无人机搭载高清摄像机,在无线遥控的情况下,根据节目拍摄需求,在遥控操纵下从空中进行拍摄。利用携带拍摄装置的无人机,开展大规模航拍,实现空中俯瞰的效果。

(5)物流快递

无人机可实现鞋盒包装以下大小货物的配送,只需将收件人的 GPS 地址录入系统,无人机即可起飞前往。

(6)灾后救援

利用搭载了高清拍摄装置的无人机对受灾地区进行航拍,提供一手的最新影像。无人机可实时全方位地实时监测受灾地区的情况,以防引发次生灾害。

(7)遥感测绘

就是利用遥感技术,在计算机上面进行计算并且能够达到测绘日的。

### 2.1.5 国产无人机四大"明星"

(1)"翼龙"无人机

这是一种集中空、长航时、侦察打击一体的多用途无人机,它代表了我国无人攻击机研制的最新水平,可谓中国无人机制造领域的"当家明星"。"翼龙"无人机机身尺寸与美国空军的 MQ-1B"捕食者"无人机相似,它具备全自主平轮式起降和飞行能力,最大起飞重量达 1100 千克。航程超过 4000 千米,升限 5000 米,最大续航时间约为 20 小时。可携带国产 KD-10 激光制导导弹、LS-6GPS 制导炸弹等,对地面目标进行精确打击,被称为中国版的"捕食者"攻击型无人机。

(2)"彩虹四号"(CH-4)中空长航时无人机

这是一款察打一体大型军用无人机,是国内同级别无人机系统中挂载能力最强、飞行能力最优的无人机,被称为中国军用航空的领秀之作、中国版的"死神"。它既可以执行战场侦察任务,搜集敌方作战信息,进行超视距预警,也可以执行电子战任务,还能对地面固定目标和低速移动目标实施精确打击。"彩虹四号"有三大特点:首先是平台出众,它最大起飞重量 1330 千克,最大载荷 345 千克,最大升限 8000 米,最大续航时间 38 小时,最大航程 3500 千米,各项指标均超过"捕食者";其次是察打一体,该无人机实现了侦察与打击功能的二合一,机腹下装有雷达,使之具有较强的全天候作战/探测能力,它能在 5000 米高空发射导弹,攻击地面和海面目标,不需要降低飞行高度即可实施攻击;最后是高度智能,它实现了全自主起降,可靠性大为提高。无人机在飞行中可对目标进行定位，随后发射导弹或制导炸弹实施攻击。

(3)“攻击-1”型无人机

这是中国空军现役的察打一体无人机，被誉为信息化战场的“新宠”。该机采用单发、大展弦比、平直翼、V型尾翼气动布局设计，可担负低威胁环境下战场重点区域持久侦察、监视和攻击、毁伤效能评估等任务。机上配备有激光指示器等光电侦察监视设备，不仅可以为自己发射的反坦克导弹进行制导，也可以为其他飞机或地面武器制导提供目标指示。该无人机已形成战斗力。

(4)WJ-600型高空高速无人机

它是一种大型无人机，外形类似巡航导弹，既可以装载各种先进的光电侦察、合成孔径雷达等电子侦测设备，也可以在机翼下方挂载KD-2等空对地导弹，使之变成“空中杀手”。WJ-600还可以充当通信中继站，让地面指挥中心通过它控制SH-1隐形无人机和“刀锋”系列战术无人机作战，从而将侦察、通信、指挥和攻击等多种作战功能融合在一起，实现“侦—控—打—评”一体化作战。

## 2.2　无人机人工增雨作业的优势

目前，我国有25个省(区、市)开展飞机人工影响天气作业，可投入人工影响天气作业的飞机数量有限，在季节性需求大时机源短缺现象非常突出，无法满足作业需求。使用的大多数飞机作业能力有限，不能满足跨区作业和混合云作业等对飞机航程、载重、升限等的要求。2022年，中国气象局通过区域人工影响天气工程建成国家级高性能人影作业飞机7架，其中新舟60型4架，空中国王350型3架，但数量还远不能满足作业需求，将继续在未来区域人影工程中建成共计20架高性能人影作业飞机，到2025年，人工增雨(雪)作业影响面积达到550万平方千米以上。

2020年11月，《国务院办公厅关于推进人工影响天气工作高质量发展的意见》下发，明确要求提升作业能力，探索大型无人机等人工影响天气作业新方式、新手段。

气候变暖的大背景和新时期国家经济社会发展对人工影响天气常态化科学精准作业提出了更高的要求。而无人机对于人工影响天气在高精度的云水资源监测预报、更科学的增雨飞机航线设计、动态高效的作业安全监管信息化等人影高质量发展的要求方面，无疑成为了重要的新型手段和必然的发展趋势。

大型无人机从研制之初，就具备了长航时、丰富的挂载能力、大载重量、强适应能力、灵活机动、安全可控以及高扩展性等诸多优势性能。对于人影探测作业中高精度的云水资源监测要求，大型无人机可以装备丰富的大气粒子与环境探测设备，配合天基和地基监测系统，较有人飞机具备更加广域的探测能力、更长的探测时间、更灵活的探测飞行动作，能够更加准确地探测目标云系特征分布，为作业潜力分析提供直接的数据科技支撑。对于更科学的增雨飞机航线设计，飞行作业本身相较传统的地面手段更加准确地将催化剂植入云层中的潜力区，而有人飞机限于性能和安全等因素的考虑，往往不能真正进入过冷水区长时间实施作业，大型无人机凭借其在复杂气象环境的强适应能力、防/除冰功能以及灵活的超控优势，可以更加精准地进入目标云区的潜力位置，即在适当的时间、在适当的位置、实施定量的催化作业。大型无人机之所以受到人工影响天气作业单位的青睐，正是因为首先不用受制于机组和作业人员的人身安全的局限，其成熟的超控技术与优异表现，更是让人工影响天气指挥人员感受到相较传统有人飞机指挥得更加得心应手，真正达到了人影作业灵活机动、安全可控的要求，其配套的卫星通信能力，更是提升了人影作业动态高效的作业安全监管信息化的现代化水平。通过无人机测控链路将高带宽气象任务数据实时回传至地面，数据能开放传输至地面气象情报分析系统和作业指挥系统，实现机载气象探测数据和其他气象情报网络数据的实时融合分析，进而实现高精度气象情报收集和精准人影作业指挥。

大型无人机增雨机的优势主要体现：一是无人机平台的优越性能和强扩展性，为机载新型云降水探测装备及技术的发展提供了更多的可能，为获得高时空精度的云中各类物理量及其变化信息，有了高精度的云水资源监测信息，提高了对云和降水过程的认识，利用先进的云降水预报和催化数值模式发展和应用，能够更精细地描述云中多种物理过程和物理参量的变化；二是凭借无人机的机动灵活特性，能够完全满足科学航线设计和完整执行的要求，有效克服了有人飞机上人员人身安全、飞行员长时间产生疲劳带来的安全风险以及空域管制带来的诸多局限；三是大型无人机系统的安全可控和高信息化管理技术的应用，使得科学、精准、安全作业水平得到进一步提升。

总之，无人机具有经济实用、操作灵活、安全可靠、载荷多样化、性能不受人体生理条件限制等优势，能够成为人工增雨作业新概念和技术探索试验平台。

根据人工增雨(雪)作业和云物理探测需求，结合大型无人机自身能力，无人机增雨具有如下优势：一是机动性好、作业时间长，人员舒适性、安全性得到保障；二是飞行高度高、航时长、昼夜均可作业，执行任务效率高；三是机翼挂点多、挂载能力强；四是机载数据、气象数据可实时传输至地面系统；五是地面指挥系统可根据气象变化调整无人机飞行航线、飞行高度。

## 2.3 飞机人工增雨的技术要求

通常所说人工影响天气作业飞机是指用于实施人工影响天气作业的固定翼航空器。一般指有人驾驶固定翼航空器，在其上装备监测设备、催化设备、通信设备以及集成系统等，执行空中人工影响天气作业任务。根据人工影响天气飞机作业条件识别、催化、通信、集成系统等能力分为常规有人驾驶作业飞机和高性能有人驾驶作业飞机。

常规有人驾驶作业飞机的综合性能一般应满足飞行升限不低于 6 千米、续航时间不少于 3 小时、商载不小于 800 千克、具有两台发动机等条件。飞机应搭载必要的机载设备，比如监测设备应满足观测空速、高度、经纬度、温度、气压、湿度和三维风等功能；监测大气气溶胶粒子谱等功能；云粒子谱观测分辨率不低于 2 微米，云粒子二维图像分辨率不低于 25 微米，降水粒子图像分辨率不低于 100 微米等功能；观测液态水含量的灵敏度不小于 0.01 克/米$^3$；监测大气云凝结核浓度等功能。其催化设备一次装载量的连续催化时间应不少于 1 小时。具备飞机—地面之间的文本信息传输和交互功能，飞机向地面实时传输飞机定位、云宏微观信息和作业信息等功能。国内各地通常所使用的运-12、夏延Ⅲ等机型，基本接近于常规有人驾驶作业飞机的性能和功能要求。

高性能有人驾驶作业飞机的综合性能一般应满足条件：(1)商载小于 5000 千克的飞机升限不低于 10 千米，商载大于 5000 千克的飞机升限不低于 7 千米；(2)续航时间不小于 5 小时；(3)作业飞行速度为 360～720 千米/时；(4)具备密封增压舱和舱内温度调节功能；(5)具有两台及以上发动机。对其搭载的机载设备要求也较高，除具备常规有人驾驶作业飞机搭载的功能外，其监测设备还应能够具备大气冰核浓度监测、遥感测量大气中水汽、液态水以及云和降水粒子等功能，对云宏观特征、云降水粒子状态、飞机积冰状况和催化剂作业情况等宏观影像实时监测功能，能够实现对飞机外大气环境进气取样的功能等，其催化设备一次装载量的连续催化时间应不少于 3 小时。对通信设备提出了地面向飞机实时传输卫星、雷达图像以及人影模式产品等功能，以及更加丰富的集成系统。国内各地通常所使用的空中国王 350、新舟 60 等机型，基本接近于高性能有人驾驶作业飞机的性能和功能要求。

目前，无人机军需民用领域逐步趋于多元化，各国都在不断地探索、开发和应用，但针对不同专业领域、研发方向、功能用途、市场需求等方面都普遍存在专业技术参差不齐、发展水平不均衡等问题。

无人机技术处于世界领先水平的是美国，欧洲国家、俄、英、法、德等国家无人机技术发展较快。2009 年以来，美国在无人机创新方面取得重大突破而且已经实现首次大规模商用。2016 年，美国沙漠研究所使用固定翼无人机在内华达州上空飞行了 18 分钟，成功发射了两枚碘化银导弹，完成了首次无人机人工增雨试验。

我国从事无人机行业的单位有 300 多家，形成了配套齐全的研发、制造、销售和服务体系的有 160 家左右。研制投入使用的无人机型多达百余种，珠海航展展示无人机的单位除了中国航天展示的 10 余款无人机外，展示无人机较多的还有中国航空工业集团、西北工业大学无人机研究所和中国科学院沈阳自动化研究所、珠海星宇航空技术公司等多家单位。

近年来，无人驾驶飞机在人工影响天气探测和作业方面的试验成为一个新的方向。应用无人机增雨是一种全新的人影作业模式，它利用高性能无人机系统平台，搭载机载播撒系统，在复杂天气背景下，直接进入云层中实施播撒作业，可以在低空飞行安全有限的山区发挥优势。2006 年，中国气象局大气探测中心马舒庆等研制的人工影响天气微型无人驾驶飞机，利用手持放飞，携带 1 千克播撒剂，在祁连山地区进行了增雨探测试验。2017 年 8 月，安徽人影办利用旋翼无人机，搭载了人工增雨焰条和温度、湿度、气压等传感器，进行了无人机高空气象探测和增雨模拟试验。2017 年 9 月，新疆人影办首次开展固定翼无人机增雨作业试验。无人机挂载 10 根 AgI 催化剂焰条(50 千克)，可连续播撒 2 小时。利用 X 波段移动双偏振全相多普勒雷达现场探测云层厚度、云层含水量、强度等气象要素，提供无人机飞行指挥和播撒时机判断。该无人机为火箭助推车载发射，完成云中播撒作业后在指定地点自动打开降落伞成功着陆。

国内大型无人机的发展，使得人工影响天气作业飞机的选择，有迫切向无人机领域发展的趋势。

## 2.4 甘霖-I 大型增雨无人机系统性能

甘霖-I 大型增雨无人机系统，又称翼龙-2H 气象型无人机系统是由中航(成都)无人机系统股份有限公司在翼龙-2 无人机系统基础上，针对以上人影功能改装需求研制的大型气象型无人机系统。该无人机系统由无人机、地面控制站、保障系统组成，并可根据任务需求模块化搭载气象探测设备、下投探空仪、焰条播撒器等设备。该无人机系统具有航程远、留空时间长、承载能力大、环境适应性强等特点，可在强对流、结冰条件下的高原、海洋环境下，完成多参数、立体化气象参数采集，也可采取“边探测、边播撒”方式实施精准、高效的人工影响天气作业，为我国精确气象探测和人工影响天气作业提供了精确、安全、高效的新型手段(体性能指标详见表 2.1)。可针对火场上空或上风方云系进行持续催化作业，最大可持续播撒影响面积约 13140 平方千米。

**表 2.1 甘霖-Ⅰ无人机系统具体性能指标**

| 总体参数 | 甘霖-Ⅰ人工增雨无人机系统 |
|---|---|
| 飞机长度 | 10.8 米 |
| 飞机翼展 | 20.7 米 |
| 飞机高度 | 4.0 米 |
| 最大起飞重量 | 4200 千克 |
| 最大飞行高度 | 8000 米(人工影响天气任务)<br>8500 米(气象探测任务) |
| 最大飞行速度 | 350 千米/时 |
| 最大续航时间 | 14 小时(人工影响天气任务)<br>24 小时(气象探测任务) |
| 最大航程 | 3600 千米(人工影响天气任务)<br>5500 千米(气象探测任务) |
| 人工增雨焰条播撒时间 | 焰条 20 根，持续燃烧催化≥250 分钟 |

续表

| 总体参数 | 甘霖-Ⅰ人工增雨无人机系统 |
|---|---|
| 探测设备 1-云粒子谱仪 | 可探测 2～50 微米尺度的云粒子谱及数浓度 |
| 探测设备 2-云粒子成像仪 | 可探测 50～1550 微米尺度的云粒子谱、数浓度及二维图像 |
| 探测设备 3-降水粒子成像仪 | 可探测 100～6200 微米尺度的降水粒子谱、数浓度及二维图像 |
| 宏观记录监视器 | 前视摄像头、后视摄像头、对地遥感 |

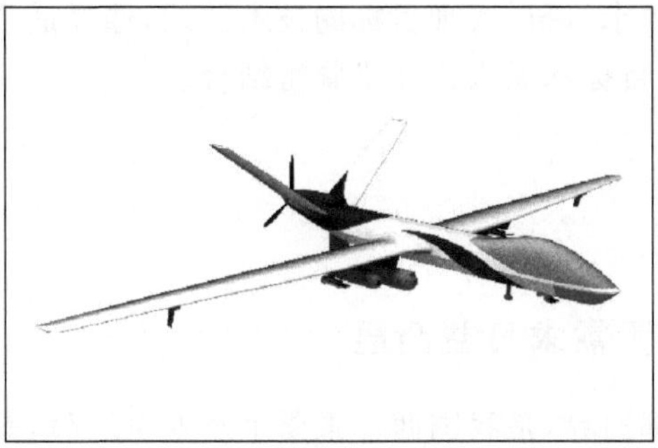

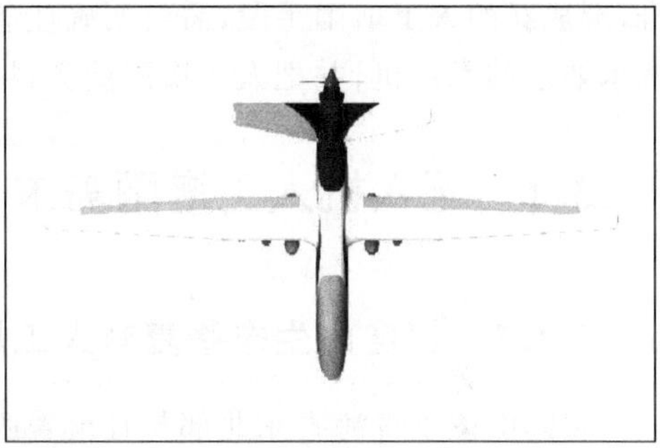

图 2.1　甘霖-Ⅰ无人机系统侧视图(左)和顶视图(右)

# 第3章　无人机人工增雨技术前期研究

无人机是现代航空技术发展的产物，如何把先进的航空技术和人工增雨技术结合，形成新的人工增雨手段，需要明确任务需求，研讨实现目标的技术路线，选择适合技术要求的无人机，并把人工增雨业务科研目标和无人机技术紧密结合。

## 3.1　无人机人工增雨需求

### 3.1.1　祁连山生态修复对人工增雨需求日益凸显

祁连山位于青海省东北部与甘肃省西部边界，是我国西部重要生态安全屏障，是黄河流域重要水源产流地。祁连山脉连绵800千米，山区降雨和山顶的冰川融水形成了当地及下游的主要水源。东部的庄浪河、大通河、湟水皆汇入黄河，成为黄河的重要支流；西部的黑河、疏勒河、石羊河三大水系是56条内陆河的主要水源涵养地和集水区的水源地，造就了河西走廊绿洲，也是拱卫青藏高原乃至“中华水塔”三江源生态安全的屏障。自古以来，中国的政治和文化由此渡过西北浩瀚的沙漠，走向新疆的天山和帕米尔高原。

受气候变暖和人口增长及工农业生产发展的影响，祁连山地区水资源供求矛盾日益突出，石羊河和黑河流域水资源开发利用程度已严重超过当地水资源的承载能力。20世纪后期，由于干旱频繁发生，导致祁连山区森林覆盖率持续降低，草原退化日趋严重，天然水域缩小，地下水位下降，湖泊干涸，雪线上升，土地沙化面积扩大，沙尘暴频发。黑河流域的森林区90年代初与新中国成立初期相比，森林面积减少约16.5%，森林带下限高程由1900米退缩至2300米；有河西走廊生命之称的祁连山冰川不断缩减，融水比20世纪的70年代减少了大约10亿立方米。冰川局部地区的雪线正以年均2.0～6.5米的速度上升，有些地区的雪线年均上升竟达12.5～22.5米。另外，甘肃也是我国沙尘暴的起源地，祁连山地区的生态治理成功与否，将直接影响我国北方的生态环境安全。

祁连山生态修复已刻不容缓，对保护我国西北生态屏障、缓解当地和下游供水困难具有极其重要的意义。对此，中央和地方政府给予了极大关注。在《国民经济和社会发展第十三个五年规划纲要》中，明确提出“支持甘肃生态安全屏障综合示范区建设”“推进青藏高原、黄土高原、河西走廊等关系国家生态安全核心地区生态修复治理”；在《甘肃省加快转型发展建设国家生态安全屏障综合试验区总体方案》中提出

“甘肃要建设国家生态安全屏障综合试验区，以疏勒河、黑河、石羊河流域及哈尔腾苏干湖水系为重点，构建祁连山区内陆河流域生态安全屏障。”

面对祁连山地区由于缺水造成的日趋严重的生态环境问题，开展人工增雨作业是该地区生态环境保护的重要科学手段。为此，在《国务院办公厅关于进一步加强人工影响天气工作的意见》中要求“在生态脆弱区域等重要生态功能区，围绕生态保护与建设需要，开展常态化人工增雨（雪）作业”；《全国人工影响天气发展规划（2014—2020 年）》提出，包括三江源、祁连山和新疆山区在内的西北示范区，开展以生态建设与保护、增加江河源头水资源为目的的人工增雨（雪）作业。尤其是 2018、2019 年全国两会期间，甘肃代表连续提出建议，建议加快推进祁连山生态修复型人工增雨（雪）作业能力建设。特别是在 2019 年全国两会上人大代表《关于进一步加大祁连山生态环境保护与建设力度》的建议受到了中央领导同志高度重视。

### 3.1.2　无人机具有祁连山人工增雨的优势

近年来，甘肃省先后在祁连山开展了包括国家科技攻关计划课题、国家自然科学基金重点项目、公益性行业（气象）科研专项和国家重点研发专项等一系列人工增雨试验研究项目。通过这些研究，初步掌握了祁连山云水资源分布特征和变化趋势，建立了祁连山地形云形成降水的物理模型，积累了一些祁连山区人工增雨技术试验的经验和科学认识。

祁连山区受高原大地形作用的影响，5—9 月不断有来自孟加拉湾的暖湿气流向高原输送。高原小尺度天气系统，包括高原低涡、切变线、小尺度积雨云和地形性积雨云频繁，经常有降水发生。据统计，适宜祁连山区人工增雨的天气背景归纳为三类：新疆冷槽型（天气背景为西南气流移动型）在人工增雨中频次最多，该型在 6—7 月是人工增雨的最佳天气形势；蒙古冷涡型在人工增雨频次居于第二，该型在 8 月是人工增雨的最佳天气形势；高原低涡型在人工增雨中频次最少，该型在 7 月是人工增雨的最佳天气形势。这些天气系统下的地形云系一般移动速度缓慢，云底高度低，实施人工增雨效果极其显著。此外，北向来的天气系统受祁连山脉的阻挡和抬升作用，天气系统移动减缓，与高原西南气流配合，易于产生有利的降水天气，实施人工增雨效果非常明显。

夏季祁连山主体部分的总云量比周围地区高近 10%，而低云量要比周围地区高 20%左右。山区的地形条件是长期维持祁连山区云量多且稳定的主要原因。低云量多、低云云层较厚、低云冰水路径值大，有利于降水的产生，降雨量也较大。该地区较多的云量和稳定的天气条件，非常适宜开展人工增雨作业，如图 3.1 所示。

试验研究已表明，影响祁连山区降雨的主要有两支水汽输送带：第一支在高层 5000 米左右，来自印度洋，穿过青藏高原往西北区输送的高原西南气流；第二支在 3500 米左右，沿青藏高原边缘，穿过四川盆地直指河西走廊地区。这两支水汽输送带为处于青藏高原北缘的祁连山地区提供较充足的富含水云层，平均每年水汽输入量约为 885.4 亿立方米。但在自然条件下，空中水资源转化为降水的比例还不到

15％，而 85％的水汽越界而过，远低于其他地区的平均转化率。如果在祁连山地区实施人工增雨(雪)作业，理论最大值每年可增加 15％降水量，约 7.4 亿立方米的降水量，云水资源开发潜力比较可观。

据预估，祁连山云水资源开发，对山前走廊的社会、经济、生态效益均有显著的效益。当祁连山区人工降水增加 10％时，河西地区综合效益可提高 5.3％；人工降水增加 20％时，河西走廊各流域综合效益可提高 12.5％。

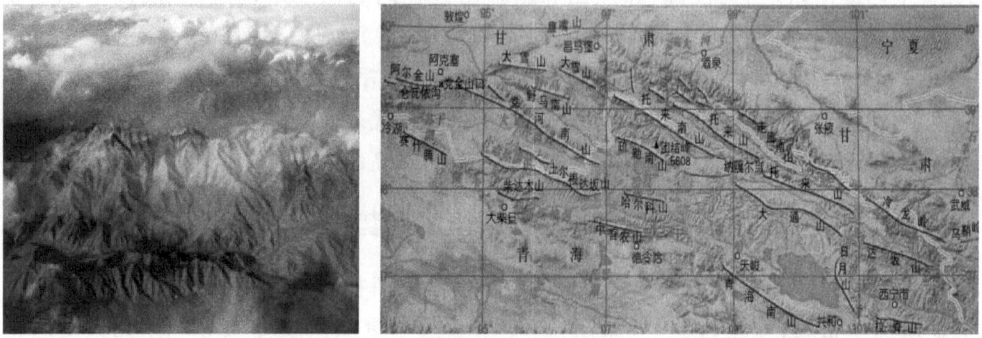


图 3.1　祁连山山系分布图

但是，祁连山的平均山脉海拔在 4000～5000 米，多年开展飞机增雨的实践证明：有人驾驶飞机在适于增雨的云雾天气情况下，不能在山区飞行，更不能跨越山脊或者夜间飞行。而这些空间或者时段具有比较好的增雨效果，因此，开展无人机人工增雨具有迫切的业务需求和十分良好的技术优势。

### 3.1.3　开展无人机人工增雨作业是技术发展的必然趋势

甘肃是全国最早开展人工增雨的省份之一，现已有 60 多年的历史。祁连山周边(甘肃)共有酒泉、张掖、嘉峪关、金昌、武威 5 个市及中农发山丹马场开展人影作业，现有高炮 26 门、火箭发射架 82 部。

甘肃人影办常年在祁连山及周边地区开展地面及飞机人工增雨作业。其中，张掖市从 1992 年开始实施人工增雨(雪)，山丹军马场作业期 4 月至 8 月的平均自然降水量比 1957 年至 1987 年 4 月至 8 月的平均自然降水量多增加 31 毫米；投入与产出比大于 1∶30。自 2010 年 7 月甘肃省气象局联合武威市政府共同建设武威市人工影响天气作业基地以来，祁连山东段常态化、规范化的人工增雨(雪)作业正式启动，祁连山较为丰富的空中云水资源得到了有效地开发和利用。当年 12 月，石羊河民勤蔡旗水文站断面过水量达 2.59 亿立方米，达到了生态治理指标；近 10 年来蔡旗断面过水总量持续增加。仅 2012 年，武威市实施人工增雨作业 320 余点次，耗弹量约 8000 枚。1—10 月降水量达 298.4 毫米，祁连山东段作业区降水量比历年同期偏多 52％，为 1951 年以来的最大值。2017 年蔡旗过水量达 3.93 亿立方米，达到石羊河流域重点治理目标。干涸了51年之久的青土湖重现碧波荡漾的情景。

从作业情况和技术装备建设来看，甘肃在祁连山地区具备良好的人工增雨（雪）工作基础。多年来一直持续在该地区开展地面及飞机人工增雨（雪）作业，拥有一支稳定的工作团队，在业务科研方面也得到了中央和地方的支持和关注。在生态环境保护、保障粮食安全、应对干旱、森林防火、交通安全、应急保障服务等方面发挥了重要作用，受到了各级政府和人民群众的好评。

目前常用的三种人工增雨（雪）作业方式：地面发射增雨火箭（炮弹）（图3.2）、地面碘化银发生器（图3.2）、有人机挂载增雨焰条。这三种作业方式各自有不同的优缺点，总体来看，相对于地面增雨作业，飞机增雨作业的覆盖面和灵活性都相对较高。然而，利用有人机在祁连山区开展增雨作业仍然存在一些局限性。首先，有人飞机作业能力不足的问题。受飞机资源、性能的限制，除冰性能差，在飞行高度、最大载重量、飞行速度、续航时间等方面很难满足复杂山区增雨（雪）作业的需求，限制了对山区不同类型作业云系实施有针对性的作业。其次，作业影响面积覆盖不广的问题。因山区复杂的地形地貌特征，有人作业飞机存在安全局限性，综合考虑安全因素的影响，目前开展的人影作业主要为农业生产提供人工增雨服务，较少考虑生态安全和修复的需要，作业影响区域不能有效覆盖主要生态区域和重要流域，难以满足生态环境保护、粮食生产安全、缓解生产生活用水、有效降低草原森林火险等级、缓解用水紧张等多方面的需求。最后，作业技术不强和作业布局有限的问题。尽管甘肃已经购买了专用于增雨作业的新舟60飞机（图3.3），并已于2021年8月投入了业务使用，但在这之前一直是租用军航的飞机来开展人工增雨（雪）作业，这部分飞机性能往往不高，且经常更换，并不能保证在所有执行增雨任务的飞机上安装必要的作业探测设备以及先进的通信和指挥系统。因此，对空中云水资源监测、作业条件捕捉、作业方案设计及作业指挥通信等方面还存在不足，这限制了飞机作业科技水平的进一步提高。有人机不能满足大范围、复杂地形区增雨需求，难以实现资源优化和作业设计上的统筹布局，不利于保障生态修复战略的实施，同时也影响整体飞机人工增雨（雪）作业效益的提升。

图3.2　常见地面人工增雨作业方式

近年来甘肃虽然在人影现代化建设方面有了较大发展，但由于有人增雨飞机受性能、空域审批和安全等不利因素限制，制约了在地域广阔的祁连山区等生态重点保护区和生态脆弱区开展立体化、常态化的人工增雨（雪）作业。鉴于目前的人影作业能力已无法满足当前和未来社会发展的需求，急需大力加强无人机人影作业能力建设，开展祁连山生态修复型无人机人工增雨（雪）作业试验，积累经验，提高飞机尤其是无人飞机作业能力，有效匹配资源、开展跨区作业，消除祁连山区复杂条件作业盲区，全面提升人工增雨（雪）条件智能判别及指挥能力，发展全新的常态化飞机人工增雨（雪）作业新模式，为生态环境保护和社会经济发展保驾护航，这也是未来人工增雨技术发展的必然趋势。

图 3.3　新舟 60 飞机人工增雨

### 3.1.4　大型无人机人工增雨(雪)的创新目标

随着科学技术的突飞猛进和信息技术的迅猛发展，无人飞机（简称无人机）已从过去的单一军事用途向民用的方向发展，利用无人机挂载气象探测仪器及人影作业装备，开展大规模、全季节的人工增雨具有广阔前景。

近年来，应用无人机增雨是一种全新的人影作业模式，它可利用高性能无人机平台，搭载机载探测和播撒系统，既可在复杂天气背景下，进入云层中实施播撒作业，也可在低空飞行安全条件复杂的山区发挥独特的技术优势。并且，由于其具有成本相对较低、人员伤亡风险较低、生存能力较强、机动性能较好、保障维护比较方便、布设灵活等特点，为未来建立全空域、全天候、全季节的立体式现代化人工增雨作业体系提供一定的技术支撑。

根据人工增雨（雪）作业和云物理探测需求，结合大型无人机自身能力，利用无人机增雨具有以下优势：

（1）机动性好，作业时间长，人员不上机，工作舒适性、安全性得到保障。

（2）飞行高度高、航时长、昼夜均可作业，执行任务效率高。

（3）机翼挂点多、挂载能力强，可探测云系的微观粒子特征。

(4)机载数据、气象数据可实时传输至地面系统。

(5)地面系统可根据天气条件变化随时调整无人机飞行航线、飞行高度。

(6)有精确的飞行航线和飞行高度,可以在复杂山区绕山飞行。

(7)播撒作业后可以沿播撒航线下方回穿,实现气象探测和作业效果评估。

因此,综合地面增雨设施、有人机、大型无人机各方优势,弥补不足,未来人工增雨(雪)作业将是三位一体模式(地面设施＋有人机＋大型无人机),云物理探测将由有人机＋无人机协同完成或无人机独立完成探测、作业以及作业效果评估。

2018年3月甘肃省政府领导专程到中国气象局进行工作会谈,就加快推进祁连山生态修复型无人机增雨能力建设深入交换了意见,一致认为祁连山无人机人工增雨工作显得尤为迫切。自此,祁连山生态修复型无人机人工增雨(雪)工作正式启动。在甘肃率先开展大型无人机增雨(雪)作业,不仅可以极大地提高作业效率,而且对推进西北区域人影工程建设,甚至在全国范围内推广无人机在人影中的应用,都具有创新示范的重要意义。

## 3.2　无人机性能对比分析

我国从事无人机行业的企业众多,形成了配套齐全的研发、制造和销售等系列服务体系,研制投入使用的无人机产品品类繁多。前期采取多种形式对国内较先进的几款无人机系统的性能及使用情况进行了广泛的调研,尽管不同型号的无人机具有其不可替代的特点和优势,但目前国内大多数的无人机普遍没有防/除冰技术,若增加防/除冰装置,需要大功率能耗,会影响到无人机其他性能。即使该项技术突破,能在过冷水区飞行持续时间尚不确定,不能满足祁连山复杂天气条件下人工增雨的任务。通过对无人机人工增雨基本情况的调研,从互联网获得了大量无人机的相关数据。

### 3.2.1　ASN-209无人机、T333大型无人直升机、基于运-5B改装的无人机系统

经多方了解,通过查阅资料,对国内几款民用无人机系统包括ASN-209无人机、T333大型无人直升机、基于运-5B改装的无人机系统等进行了解。在载重、自重、抗风、起飞降落方式、改装难易程度等这些方面,这几款无人机平台只能满足目前人工增雨的部分需求,对于祁连山复杂山区的作业需求尚不能完全满足。

### 3.2.2　“彩虹”系列无人飞行器

中国航天空气动力技术研究院(简称:十一院)研制了以“彩虹”命名的多种类型无人机,这些无人机尺寸从小到大,起飞重量从轻到重,在应用方面从各种形式的侦察监视到攻击等形成了较为完备的体系。已形成彩虹-3、彩虹-4、彩虹-5等为代表的

一系列优秀产品。

2018 年 7 月 15—17 日，由甘肃省气象局领导带队，国家人影中心领导和甘肃省人影办主要负责人组成的专题调研组，赴中国航天空气动力技术研究院（中国航天科技集团公司第十一研究院），就彩虹系列无人机主要性能指标开展了调研工作（图 3.4）。

图 3.4　调研组一行参观“彩虹”系列无人机（左）并与十一院无人机专家座谈（右）

在调研过程中，有的放矢地广泛了解情况，充分交换意见。经过调研，“彩虹”系列无人机能够达到人工增雨作业的大部分需求，但对满足人工增雨作业的天气条件防/除冰技术需要进一步试验验证。厂方专家认为，无人机只能是有人机的有效补充，不能代替有人机。

### 3.2.3　飞鸿 FH-95 无人机

据了解，飞鸿系列无人机是由中国航天科技集团有限公司研发的多层次、立体化、智能化无人机系统，其中 FH-95 是一款中远程多用途无人机，该无人机加装了大载荷增雨（雪）作业设备并经过无人机防结冰技术改造，具备在简易跑道短距离起降和 7000 米以上云层高度开展增雨（雪）作业的能力。2019 年 12 月 29 日，甘肃省临泽县政府、张掖市气象局和航天九院无人机所等多家单位联合开展了 FH-95 中大型人工增雨（雪）无人机首次作业演示飞行，在张掖通航产业园内试飞成功。

### 3.2.4　“翼龙”系列无人机

自 2018 年 4 月祁连山无人机增雨相关项目启动以来，甘肃省气象局多次向甘肃省委省政府汇报了关于无人机增雨相关工作情况，省委省政府高度重视，并召集甘肃省气象局、省政府相关部门和天水飞机厂等单位的主要负责同志，安排部署无人机增雨的相关工作。确定由省政府相关部门牵头、省气象局配合推进此项工作，天飞公司与中航（成都）无人机系统股份有限公司共同组建一支国内一流的无人机增雨（雪）项目研发团队和制造基地，为祁连山生态修复工程提供项目可行性报告；提供国内领先的无人机增雨(雪)飞机平台；提供项目所需的技术服务。

2019年4月15—16日，甘肃省省政府相关部门带队，甘肃省人影办和甘肃省公航旅相关人员赴天水飞机制造厂和中航(成都)无人机系统股份有限公司调研了翼龙-2无人机平台的相关情况及性能指标。调研组参观了翼龙系列无人机的制造车间及无人机平台的总装和地面展示，对相关性能参数进行了详细了解，基本能够满足人工增雨工作的需要。

2019年5月21—24日，国家发展和改革委员会、财政部、生态环境部、中国气象局等单位组成工作组，对中国科学院王涛同志全国两会提案以及祁连山人工增雨情况进行调研。甘肃省气象局对无人机人工增雨项目的实施进展和未来应用前景进行了详细的汇报，同时向调研组提交了《祁连山生态修复型无人机人工增雨工作情况的汇报》，汇报了《祁连山区域生态修复型人工增雨(雪)建设项目方案》。甘肃省气象局召开无人机增雨试验方案编制启动会，邀请中国气象局人影中心技术人员来甘肃天水无人机厂家现场调研了翼龙无人机

翼龙-2无人机成熟可靠，产品性能、可靠性等经过实战检验，获得了用户的高度评价，已成为国际知名品牌，2018年12月9日，翼龙无人机系统被授予中国工业大奖。而目前国内尚无其他无人机产品达到同一量级飞行架次与时间。翼龙-2无人机平均单架次飞行时间超过6小时，在实战中充分发挥了其长航时特性。在执行人工增雨(雪)任务时该特性可有效减少任务起降架次，减轻地面维护人员工作量，提高作业效率，具有高任务费效比特性。如图3.5所示。

图3.5　翼龙-2无人机

调研过程中，从祁连山区飞机增雨(雪)的自然条件、作业需求、云水资源状况等方面深入对比了翼龙-2无人机与其他无人机系统在不同指标项的优劣势，特别是飞行高度及载重能力等重要指标，翼龙-2无人机全面满足指标要求，是最适合执行人工增雨(雪)任务的无人机。对于防/除冰系统开发，也有相应的技术储备。另外，翼龙-2无人机已有在甘肃张掖丹霞机场和定西临洮机场使用的经历，在甘肃使用无人机开展人工增雨(雪)业务已有一定的经验储备。

## 3.3 增雨无人机的性能要求

无人增雨飞机和现有的有人增雨飞机互为补充，满足不同地形条件下、不同季节、不同高度云层飞行作业技术要求。无人增雨飞机具有在山区复杂地形条件下对作业条件和空中云水资源的监测能力，有人飞机侧重于平坦地形条件下对作业条件和空中云水资源的监测能力，相互补充能够实现为各种地形条件下空中、地面作业提供科学依据和技术支撑的需求，不仅能够满足复杂山区水资源补给，同时也能满足平原地区粮食与经济林果业的发展需求。

### 3.3.1 无人增雨飞机的性能要求

鉴于不同型号无人机的不同特性，考虑到人影作业中的特定需求，对所选无人机的主要技术性能指标提出了以下几点要求：

(1)能适应各季节播云的高度以及地形避险要求，飞行高度7000米以上。

(2)续航能力大于10小时。

(3)巡航速度适中，与探测取样和播散强度对航速的要求相匹配，作业巡航速度大于200千米/时。

(4)最大航程应达到2000千米左右。

(5)能装载多种播撒装备，载重400千克以上。

### 3.3.2 无人增雨飞机可选机型对比

根据上述人影作业要求，通过广泛调研，提出了符合要求的可选机型，相关机型主要性能对比如下(各型性能参数来源于公开资料)。

(1)ASN-209无人机系统

最大起飞重量350千克；巡航高度4000～6000米；巡航速度120～140千米/时；最大飞行速度≥180千米/时；续航时间6小时；控制半径200千米(视距)；有效载荷重量≤50千克；起飞着陆抗风9米/秒；空中抗侧风能力达到20米/秒；能在无雷电的云中和雨中条件下安全飞行。如图3.6所示。

特点：火箭助推车载发射、伞降回收减轻了对场地的依赖，可连续、重复升空及作业；提高了对空中积冰的处理能力。

(2)T333大型无人直升机

起飞重量3000千克；最大起降高度4500米；有效载荷1000千克；续航时间12小时(商载500千克)使用升限6000米；最大飞行速度300千米/时；巡航速度240千米/时；抗风能力6级。如图3.7所示。

特点：垂直起降，减轻了对场地的依赖；有效载荷较大，满足目前所有仪器设备的重量。

图 3.6　ASN-209 无人机系统外观

图 3.7　T333 三吨级大型无人直升机

(3)基于运-5B 改装的无人机系统

最大起飞重量 5250 千克；最大载重 1500 千克；最大平飞速度 256 千米/时；最大航程 1560 千米；巡航速度 160 千米/时；实用升限 7500 米；爬升率 3.0 米/秒；起飞距离 150 米；着陆滑跑距离 170 米；续航时间 6 小时。如图 3.8 所示。

特点：运-5B 飞机平台成熟，舱内空间大，可满足设备的安装；有效载荷较大，满足目前所有仪器设备的重量；控制范围较大，300～700 千米，可实现地面站一对多的有效通信。

图 3.8　基于运-5B 改无人机系统

(4)飞鸿 FH-95 中大型无人机

未收集到详细资料，从官方报道中得知，飞鸿 95(FH-95)中大型人工增雨雪无人机，最大起飞重量接近 800 千克，升限达到 7000 千米以上，航时大于 10 小时，载重达 200 千克。如图 3.9 所示。

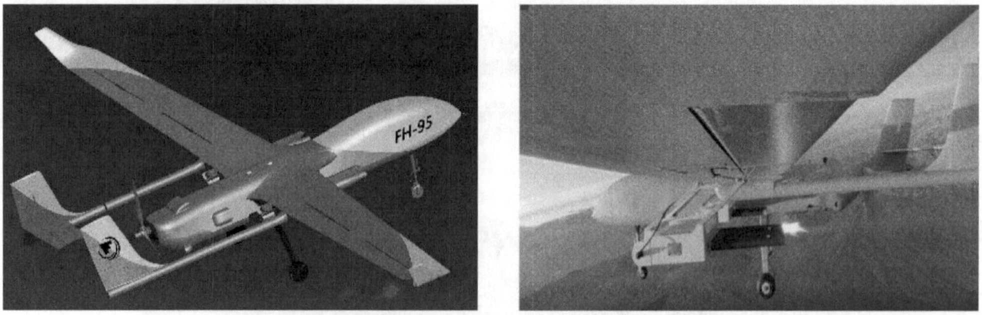


图 3.9　飞鸿 FH-95 中大型无人机增雨作业演示

(5)彩虹系列无人机系统

彩虹-3 无人机最大起飞重量 650 千克，最大任务载荷重量 180 千克，航时 6 小时，最大速度 256 千米/时，升限 7200 米，起飞滑跑距离 600～700 米。

彩虹-4 无人机最大起飞重量 1330 千克，最大载荷能力达 345 千克，航时 25 小时，最大飞行速度 210 千米/时，升限 8000 米，起飞滑跑距离 2000 米。

彩虹-5 无人机最大起飞重量 3300 千克，最大载荷能力达 1050 千克，最大续航时间 39 小时，巡航速度为 180～220 千米/时，升限 8000 米，起飞滑跑距离 2000 米。

其中，彩虹-3 适宜作为无人机增雨作业试验的备选机型，一是挂载能力满足现阶段作业需求；二是滑翔起飞，通用机场能满足其起飞降落条件；三是前期及运行维持费用相对较低。如图 3.10 所展示的“彩虹”系列无人机。

图 3.10　“彩虹”系列无人机

(6)翼龙-2 无人机平台

最大起飞重量 4200 千克;最大飞行速度 350 千米/时;最大航程大于 5000 千米,续航时间大于 24 小时;最大飞行高度大于 8500 米;起降抗风 7 米/秒,空中抗侧风能力 50 米/秒;不仅具备防/除冰功能,而且具有 7 个外挂点,可以挂载云物理的探测设备。如图 3.11 所示。

图 3.11　翼龙-2 气象型无人机系统人机界面

## 3.3.3　选型结论

从祁连山区飞机增雨(雪)的自然条件、作业需求、云水资源状况等方面对比上述几种无人机系统的性能指标。结果表明,翼龙-2 无人机不仅满足祁连山区无人机增雨(雪)作业需求的指标要求,具有防/除冰的技术储备,而且在作业能力、作业效率和飞机成熟性、安全性等方面都具有明显优势,同时,翼龙-2无人机具备自主起降、任务规划后自主执行、不依赖地面站自主返航等优点,因此,翼龙-2无人机是执行祁连山区无人机增雨(雪)作业的最佳机型,所以选用翼龙-2无人机作为祁连山生态修复型人工增雨(雪)的无人机平台。

## 3.4 无人机人工增雨技术方案论证

按照甘肃省政府的要求,在中国气象局的指导下,在省政府相关部门的组织协调下,甘肃省气象局自2018年4月启动无人机人工增雨相关工作以来,通过广泛调研和多次方案论证,确定了无人机人工增雨的技术要求,编制完成《祁连山生态修复型无人飞机人工增雨项目可行性研究报告》,并于2018年6月在北京组织召开了试验方案专家咨询会,对《祁连山生态修复型无人机人工增雨试验方案》进行论证。参加会议的有中国气象局应急减灾与公共服务司、人工影影中心、气象探测中心和中宇航通科技有限公司等单位的专家。7月26日,甘肃省气象局汇总形成《关于祁连山生态修复型无人飞机人工增雨工作有关情况的报告》,向甘肃省人民政府汇报。

在开展无人机选型调研的同时,还争取到了中国气象局的大力支持,中国气象局人影中心为落实局领导的指示精神,从西北人影项目中安排祁连山地形云人影试验,在气象探测和人影指挥系统给予支持,并且安排技术人员进行技术指导。

### 3.4.1 祁连山生态修复型无人机人工增雨试验方案论证(北京)

2018年6月22日,甘肃省人影办在北京组织召开了试验方案专家咨询会,对前期编写的《祁连山生态修复型无人机人工增雨试验方案》进行了咨询和论证。参加会议的有中国气象局应急减灾与公共服务司、人工影影中心、气象探测中心和中宇航通科技有限公司等单位的专家。与会专家听取了项目单位的汇报,审阅了《试验方案》,并就有关问题进行了质询和讨论。专家们一致认为,该试验方案不仅思路清晰,内容和规模基本合理,技术比选充分,且经费测算基本合理,资金渠道明确,符合国家关于生态文明建设有关要求,对祁连山生态修复、水源涵养、环境保护等具有积极影响,围绕祁连山天气气候特点和生态修复需求开展无人机人工增雨试验是必要的。

由于国内没有可借鉴的经验,根据专家意见,7月15日,甘肃省气象局组团赴中国航天第十一研究院专题对"彩虹"系列无人机进行了深入调研。7月26日,甘肃省气象局汇总形成《关于祁连山生态修复型无人飞机人工增雨工作有关情况的报告》,向甘肃省人民政府汇报。根据调研结果和专家咨询论证意见,无人机增雨是一项新型人影作业手段,应用和发展前景广阔;目前国内外可以直接应用于业务的无人飞机增雨作业经验的积累还不够,无人机的性能(主要是除冰技术),尚不具备直接开展人工增雨作业的条件,可先开展祁连山无人机增雨试验,不断完善无人机适应人工增雨的要求。

可能存在的风险分析：一是安全性能，目前有人机经多年发展，具有较为成熟的加热等防/除冰技术，无人机防/除冰的短板存在飞行风险；二是空域管理，根据《无人驾驶航空器飞行管理暂行条例》规定，无人机飞行需办理适航证，空域申请较有人机要求更为严格，空域申请批复存在一定难度；三是作业条件，人工增雨作业选择复杂气象条件，无人机入云后，无线电干扰、雷击、撞冰、撞山等存在风险。

综合分析来看，彩虹机型可满足增雨作业飞机改装的基本需求，可作为无人机增雨作业试验的备选机型，一是飞行高度、续航、航速、挂载能力满足现阶段作业需求；二是滑翔起飞，通用机场能满足其起飞降落条件；三是前期及运行维持费用投入相对较低。专家建议，可先选择合适的无人机进行改装，探索开展祁连山无人机增雨试验，完善无人机防除冰等技术，不断提高无人机适应人工增雨的性能。

### 3.4.2　翼龙-2无人机增雨平台改装的相关技术论证(兰州)

2019年4月24日，由甘肃省人影办主持，在兰州召开了祁连山生态修复型翼龙-2无人机增雨试验技术方案对接会，就无人机增雨改装的相关技术问题进行了对接。省政府相关部门、省人影办、中国气象局人影中心、兰州大学、甘肃省公航旅集团公司、中航(成都)无人机系统有限公司、中航(天水)飞机制造厂、中国科学院兰州化学物理研究所、相关探测和作业设备制造厂家等单位的领导和技术人员参加了会议。与会专家对相关探测和作业设备的外形尺寸、电源功率、接口、数据接口、重量、挂载位置等进行了深入讨论。

4月25日，与会专家专门赴张掖祁连山区对实际作业地区进行了现场考察，分析了无人机视距链路的可行性与风险。并于26日，赴丹霞通用机场对机场环境和跑道条件进行了实地勘察，为无人机的起降准备工作进行了现场分析。

根据专家论证和实地考察，形成了相关结论：(1)无人机公司建议拟选型的相关探测和作业设备制造厂家对设备的外形进行气动适应性修形处理，对电源功率进一步优化，对数据接口进行适应性改进或者转接，对外挂装置进行适应性改装；(2)无人机公司针对挂载设备功能需求对翼龙-2无人机平台进一步改装；(3)针对防/除冰需求，无人机公司将与中国科学院兰州化学物理研究所深入合作，拟进行新型方案的试验；(4)对祁连山作业区，根据无人机特点、视距链路指挥要求、山区高程等因素，制定无人机人工增雨的作业区和禁飞区，进一步降低无人机实施山区人工增雨的风险；(5)针对丹霞机场位置、跑道长度、宽度、侧风等级和发生频率等条件，无人机公司将进一步计算分析，确定无人机在该机场起降的可能性；(6)由省人影办为无人机公司提供祁连山区的风速、湿度、雨滴大小等气象要素的统计值，为计算无人机的防/除冰功率提供基础数据。

### 3.4.3　翼龙-2 人工增雨(雪)项目第一次技术论证(成都)

2019 年 5 月 6—7 日，在成都由甘肃省省政府相关部门、甘肃省人影办组织召开了甘肃省祁连山生态修复型翼龙-2 无人机系统人工增雨(雪)项目第一次技术论证与协调会。省政府相关部门、甘肃省人工影响天气办公室、中航(成都)无人机系统股份有限公司、航空工业成都飞机设计研究所、中航天水飞机工业有限公司、中国科学院兰州化学物理研究所、甘肃长风电子科技有限公司、陕西中天火箭技术股份有限公司、四川西物激光技术有限公司、北方激光研究院有限公司、中国科学院电子学研究所、安徽航瑞航空动力装备有限公司等 12 家单位参加了会议。

会议对各成品及任务载荷系统与飞机交联、接口的技术细节等进行了深入地讨论，明确了各相关单位的职责和任务进度，并达成了一定的共识：(1)确定了探测设备与无人机的交联关系，讨论了探测设备、作业设备、转接梁与无人机之间的机械、电气接口，明确了机载及地面软件改进内容及方法，规定了数模、接口协议等资料的发送时间；(2)明确了供电吊舱以某发动机/发电方案为基础进行设计，梳理了供电吊舱的使用流程及控制逻辑，在会议确定的电气接口的基础上展开系统设计，供电吊舱壳体由天飞负责制造；(3)选择了防冰涂料的型号，讨论了涂覆范围，规划了涂料理化性能试验内容和实施时间；(4)在气象雷达的选型上，建议采用中国科学院电子学研究所所和长风的产品互为备份的方式，结合两家在硬件成熟度和软件成熟度的优势，保证研制进度可控；(5)针对探测设备所需的新研机载处理机，决定由探测设备研制单位负责。

### 3.4.4　翼龙-2 无人机系统防/除冰的鉴定会(天水)

2020 年 5 月 19 日，中航天水飞机工业有限公司在天水组织召开了无人机人工影响天气工程项目可研阶段评审会及防/除冰技术鉴定会。会上，省人影办在会上作了《无人机人工增雨(雪)效果评估方案》汇报，对无人机人工增雨试验中的效果评估进行了详细设计与规划。相关专家对人工增雨无人机防/除冰功能进行了专项评审，并对无人机人工影响天气工程项目科研工作进行了阶段性总结。通过对翼龙-2 气象型无人机加装防/除冰设备，不仅满足了人工影响天气作业需求，同时也是首次在无人机系统上实现了防/除冰技术的突破，属国内外首创。

### 3.4.5　翼龙-2 无人机空域协调的论证会(兰州)

为保障大型无人机增雨作业顺利开展，甘肃省气象局在兰州主持召开了甘肃省大型无人机增雨(雪)作业方案咨询暨工作协调会议，就《甘肃省大型无人机增雨(雪)作业方案》进行了讨论，明确了无人机增雨作业起降机场、作业区划。同时，民航西北地区管理局组织各单位确定了飞行空域划分和申报程序、指挥部门、飞行调度、应急处置等原则。

### 3.4.6　翼龙-2无人机平台改装定型及技术论证会(金昌)

2020年11月15—16日,省政府相关部门联合中国气象局在金昌召开了无人机人工影响天气系统(省政府冠名:甘霖-I)技术状态评审会(24家单位,64名代表参会)。省气象局汇报了《无人机人工影响天气工程项目祁连山人工增雨试验情况进展》,对无人机增雨作业给出了初步效果评估。通过评审,专家组一致认为无人机人工影响天气系统满足人影作业需求,通过技术状态审查。由甘霖-I大型无人机平台改装的人工影响天气系统,实现了翼面防/除冰、大气探测和催化剂播撒等能力,技术状态内容完整,性能指标与使用要求明确,机载系统硬软件状态配套齐全,完全满足目前人工增雨作业的需求,可以投入业务使用。

# 第 4 章　翼龙-2 气象型无人机改装

翼龙-2 无人机系统是由中航(成都)无人机系统股份有限公司研发的一款大型无人机,除防/除冰功能外,其他各项性能参数基本符合人工增雨的需求。因此,需要在翼龙-2 无人机系统的基础上,研发无人机防/除冰系统,针对人工增雨功能需求改装研制大型人影型无人机系统。

## 4.1　无人机改装的四大技术系统

### 4.1.1　气象型无人机改装设计

在现有翼龙-2 气象型无人机系统的基础上,改装机载探测系统、机载高清晰影像分析系统、机载催化作业系统、地面控制系统。根据项目特点要求进行适应性升级改装,升级改装主要包括:

(1)换装 DB410 型供电吊舱,提升高空供电功率,增强无人机防/除冰能力。

(2)集成新型气象探测系统(CWIP 机载云水惯性测量系统、LWC-100 热线含水量仪、LWC/TWC 液水/总水含量仪、PCASP-100 被动腔气溶胶探头等载荷),提升翼龙-2 气象型无人机系统的探测能力。

(3)开展冷云/暖云催化作业装备改装,提升翼龙-2 气象型无人机系统的作业能力。

翼龙-2 气象型无人机与地面控制站数量配置在演示验证试验阶段按 1 站 1 机配置。

翼龙-2 气象型无人机系统由无人机、地面控制站和地面保障系统组成(图 4.1)。

无人机由机体结构、起落架系统、飞机管理系统、动力系统、机械电气系统、机载数据链系统、任务系统和任务载荷组成;其中机体结构包含翼面防/除冰子系统,机电系统包含供电吊舱子系统。任务载荷包括 SAR(增加气象探测功能)、机载云粒子大气探测系统(包含云粒子谱仪、云粒子成像谱仪、降水粒子成像谱仪)、机载催化作业系统(包含焰条播撒吊舱、播撒器控制盒)。机载数据链系统中的图像采集处理系统新增云轮廓高清晰影像分析系统(由前视摄像机和新增的监控摄像机组成)。

地面控制站由指挥控制站、视距链路地面站、卫通链路地面站和差分地面站组成。

综合保障系统主要由保障设备、工具场站保障,人力资源,技术资料,供应保障和

图 4.1　翼龙-2 气象型无人机系统人机界面

训练保障，包装、装卸、贮存、运输保障组成，用于无人机系统飞行任务、储存运输及日常、定期维护工作中的保障支持。

### 4.1.2　机载探测系统

机载大气粒子探测可直接观测云中的各种水成物粒子谱、数浓度等微观特征量，能够实时观测云降水系统的宏观特征量，掌握云中过冷水含量、云中温度、湿度、积分液态水量和水汽含量等，可用于判别作业条件、确定作业时机和部位、修订作业方案、检验作业效果、提高人工增雨(雪)作业技术水平和监测区域空中云水资源动态。

机载探测系统主要由大气探测设备、机载云宏观高清晰影像分析系统以及相关配套设备组成(表 4.1、表 4.2)。

### 4.1.3　大气探测设备

针对大气探测和人工增雨(雪)需求，搭载可全面探测液态水含量、温湿度、气压、飞行高度和空速等数据的大气探测设备，为人工增雨(雪)作业载荷的作业区域和时机提供参考。

大气探测设备均使用转接梁加挂于机翼下方，可实现机载探测设备的快速装卸。

### 4.1.4　机载云宏观高清晰影像分析系统

机载云宏观高清晰影像分析系统功能包括飞机前方云轮廓成像、焰条燃烧状态监测，并辅助用于结冰观测。

表 4.1 大气探测设备构成

| 序号 | 设备 | 型号 | 功能 | 重量 | 工作功率 | 加热功率 |
|---|---|---|---|---|---|---|
| 1 | 云粒子谱仪 | ZBT-LC-01 | 探测粒子有效直径、平均有效直径、数/体浓度；探测大气温度、气压、高度、空速、GPS 数据 | 7 千克 | 15 瓦 | 320 瓦 |
| 2 | 云粒子成像谱仪 | ZBT-LC-02 | | 15 千克 | 18 瓦 | 320 瓦 |
| 3 | 降水粒子成像谱仪 | ZBT-LC-03 | | 15 千克 | 60 瓦 | 320 瓦 |
| 4 | 设备线缆 | | 大气探测设备数据采集及供电 | 20 千克 | | |

表 4.2 机载云宏观高清晰影像分析系统构成

| 序号 | 设备 | 功能 | 重量 | 安装方式 |
|---|---|---|---|---|
| 1 | 机头广角云宏观成像仪 | 机头方向云场观察 | 2 千克 | 机头内置 |
| 2 | 监控摄像机 | 焰条作业监测、飞机环境观测 | 10 千克 | 机体原光电球头安装位置 |
| 3 | 影像处理系统 | 影像采集、存储、下传 | 5 千克 | 机身内置 |

### 4.1.5 机载催化作业系统

作业飞机在翼下悬挂焰条播撒吊舱，由点火控制系统进行焰条点火控制，完成催化剂播撒，实现人工增雨(雪)作业(表 4.3)。

表 4.3 机载催化作业系统构成

| 序号 | 设备 | 功能 | 重量 | 安装方式 |
|---|---|---|---|---|
| 1 | 焰条播撒吊舱 | 装载作业焰条 | 2×55 千克 | 外挂 |
| 2 | 点火控制系统 | 控制点燃焰条 | 2×1.5 千克 | 内嵌 |

### 4.1.6 地面控制系统

地面控制系统由指挥控制站、视距链路地面数据终端、卫星地面终端和差分 GPS 地面站组成。其中，指挥控制站用于接收机载云宏观高清晰影像分析系统数据，上传人影指挥中心，并接受作业指令，指挥控制无人机实施人工增雨(雪)；视距链路地面数据终端用于无人机与地面站视距内通信链路的搭建；卫星地面终端用于无人机与地面站超视距范围通信链路的搭建；差分 GPS 用于无人机的起降引导。

## 4.2 改装的关键技术及解决方案

为实现无人机人工增雨(雪)作业，需实现几项关键技术，包括无人机防/除冰技术、高性能动力供电吊舱等关键技术。

### 4.2.1　无人机防/除冰技术

无人机飞行作业区主要为冷云环境，在冷云环境中执行人工增雨(雪)作业结冰概率大，而机体表面结冰严重影响飞行安全；同时云宏观成像仪、监控摄像机会因为结冰而降低成像效果，不利于分析人工增雨(雪)作业情况。翼龙-2 气象型无人机系统具有翼面防/除冰系统，可以通过人工控制对翼面进行电加热，防止无人机在飞行过程机尾翼前缘结冰，保证飞行安全。

### 4.2.2　高性能动力供电吊舱

目前，大中型无人机主要强调长航时，不关注机动性，所以剩余推力普遍较小，能用于发电机的功率提取也较少，而无人机防/除冰功率需求大，机载发电机功率显然不够，必须采用其他电源方案。

依靠翼龙-2 无人机的强大外挂能力，在机翼挂架上悬挂高性能动力供电吊舱，为防/除冰系统供电。该吊舱采取严格的安全保护措施，可满足续航需求，保证无人机飞行安全。

# 第5章　大型无人机人工增雨试验设计

大型无人机人工增雨作业试验方案设计的基本原则，遵照中国气象局发布实施《人工影响天气业务现代化建设三年行动计划》和《人工影响天气"耕云"行动计划(2020—2022年)》，按照五段业务布局要求，建立了以催化作业为核心，作业过程预报和作业计划制定(24～72小时)、作业条件潜力预报与作业预案制定(3～24小时)、作业条件监测预警与作业方案设计(0～3小时)、跟踪指挥与作业实施(0～3小时)和作业效果检验(作业后)相互衔接的五段试验流程，覆盖人工影响天气作业全过程(图5.1)。

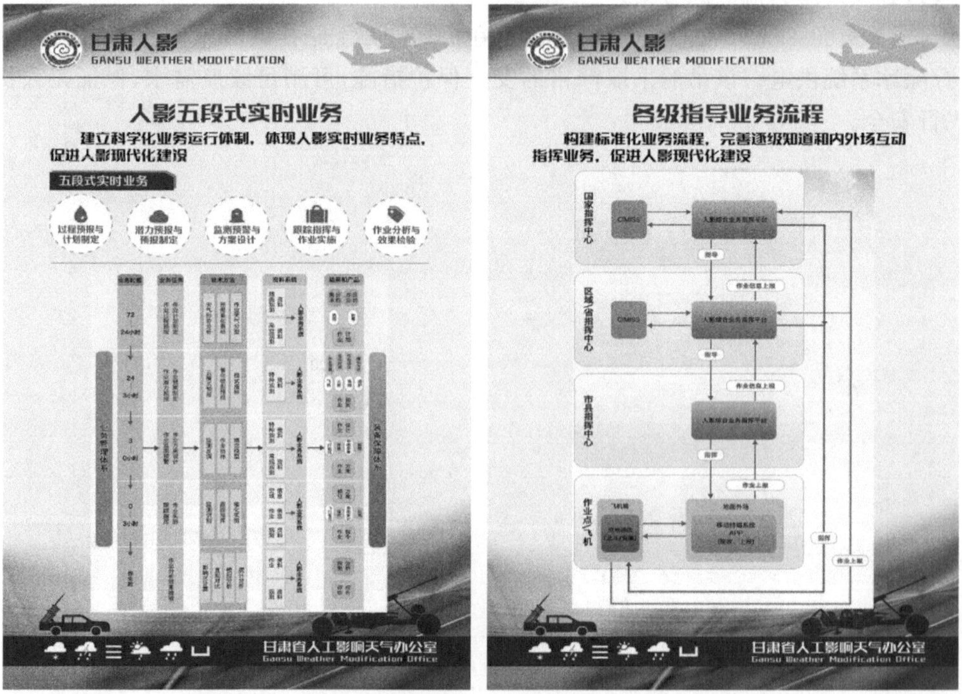


图5.1　甘肃省人工影响天气五段业务流程示意图

## 5.1　试验方案设计原则

本试验以实现无人机科学作业、精准作业、安全作业能力为重点，探索大型无人机的高度智能化在人工影响天气方面的优势，强化人工影响天气在生态文明建设的服务保障作用，为祁连山生态脆弱区的生态修复提供现代化作业能力科学试验的验证基础保障。

## 5.2　无人机增雨作业指标

按降水影响系统将甘肃省降水分为三种类型（副高西北侧西南气流型、低涡型、西低东高型），建立了降水的天气学模型；在此基础上，参考降水云物理研究成果和甘肃省垂直探测试验结果（云水含量（$Q_c$）＞0.05 克/千克，冰晶数浓度＜50 个/升为可播区，云水含量（$Q_c$）＞0.1 克/千克，冰晶数浓度＜20 个/升为强可播区），总结得到增雨概念模型和云水含量等 16 种增雨作业指标（表 5.1）。

**表 5.1　增雨作业指标**

| 要素 | 指标 | 方法 |
| --- | --- | --- |
| 云状 | Ns-As，As-Sc | 地面观测 |
| 云底高度 | ＜2 千米 | 地面观测 |
| 云顶高度 | 4～6 千米 | 卫星反演 |
| 云厚 | ＞2.0 千米 | 探空及卫星资料反演 |
| 云顶温度 | −4～−24 ℃ | 卫星资料反演 |
| 温度露点差（$T$-$T_d$） | ＜2 ℃ | 探空 |
| e-Ei | ＞0 | 探空资料计算 |
| 0 ℃层高度 | ＜4.0 千米 | 探空资料计算 |
| 云水含量（$Q_c$） | ＞0.05 克/千克 | 飞机探测 |
| 冰晶浓度 | ＜50/升 | 飞机探测 |
| 垂直累积过冷水 | ＞0.5 毫米 | 卫星资料反演 |
| 总水成物 | ＞0.1 克/千克 | 飞机探测 |
| 回波强度 | ＞20 dBZ | 雷达观测 |
| 回波顶高 | ＞4 千米 | 雷达观测 |
| ＞20 dB 回波半径 | 5 千米 | 雷达观测 |
| VIL | ＞0.3 千克/米$^2$ | 雷达观测 |

## 5.3　增雨试验方案设计

### 5.3.1　完善作业过程预报和作业计划制订（24～72 小时）

参考气象台短期预报结论、数值模式产品，重点分析影响系统的天气类型、演变趋势和降水性质、强度、时段等。对无人机作业计划的制定基本包括了作业时段、作业区域、作业准备等；对地面作业计划的制定基本包括作业时段、作业区域、弹药准备等。省级人影部门提前72～24小时完成作业过程预报和作业计划后，向大型无人机试验组发布。

### 5.3.2 加强作业条件潜力预报和作业预案制订(3～24小时)

根据作业过程预报和作业计划，当未来24小时内有天气系统影响时，参考兰州中心气象台短期预报、短时预报等，应用中国气象局人影中心的模式产品、本省数值模式产品等，结合卫星、雷达等实况监测和本省作业概念模型和指标，重点分析影响云系性质和结构、演变、潜力区分布等。无人机作业预案制定包括作业云系类型、作业区域、作业对象、作业时段、作业部位、催化方式等内容。省级人影部门完成作业条件潜力预报和作业预案后，向大型无人机试验组发布。

### 5.3.3 优化作业条件监测预警和方案设计(0～3小时)

每次增雨飞行作业试验前均制作无人机作业方案，包括作业云系性质和结构、作业时段、作业区域、作业对象、作业部位、催化方式、飞行航线和起降机场等。

### 5.3.4 开展信息收集和效果评估(作业后)

对所有的无人机作业均进行完整记录，记录要素有无人机作业相关信息，包括机型、机号、机长、作业日期、开关车时间、起落时间、机场地面天气及温度、催化剂种类及用量等；无人机作业空中宏观信息，包括作业时间、作业地点、空中云雨、温度、湿度、高度、速度、机身是否有结冰以及飞行是否平稳等情况等。

### 5.3.5 强化作业合理性分析

主要评估要点包括催化剂选择合理性、作业时机和部位合理性以及播撒剂量合理性三方面。

(1)催化剂的选择根据作业高度层温度判别，播撒成冰剂应在<－5 ℃的云区，播撒制冷剂应在<0 ℃的云区，播撒暖云催化剂应在>0 ℃的云底或云区。

(2)作业时机和部位的合理性，对于地面作业，根据其上报的历史作业信息，查看对应时间云系的发展情况(高度)和雷达回波特征；对于无人机作业，将历史航线轨迹与相应时间的雷达回波图、卫星云图相叠加展示进行分析，判断无人机作业时段与位置是否位于雷达回波、卫星云图对应的潜力区。

(3)播撒剂量合理性，结合催化作业高度层的过冷水含量、自然冰晶浓度、风向风速等信息，判断当次作业能否实现对目标云区的充分播撒。

## 5.4 试验探测装备和地基观测设备布局

大型增雨无人机搭载有大气粒子综合探测系统以及无人机自身飞行参数记录系

统等。与本实验搭配协同观测的装备主要依托甘肃省气象部门现有地基观测设备业务网络和西北区域人影工程建设的试验示范基地地基观测设备，在祁连山试验示范区建有六要素自动站13个、降水类天气现象仪32个、GNSS/MET站13个、微波辐射计3部、探空火箭2部、移动云雷达1部，天气雷达5部(张掖、金昌、门源、乌鞘岭，嘉峪关)，自动气象站208个，探空站7个，形成横纵有针对性观测网络的祁连山试验示范区观测系统。如表5.2、图5.2、图5.3所示。

表5.2　祁连山试验示范区地基观测设备

| 序号 | 仪器设备 | 单位 | 数量 |
|---|---|---|---|
| 1 | 六要素自动气象站 | 个 | 13 |
| 2 | 降水类天气现象仪 | 个 | 32 |
| 3 | GNSSMET站 | 个 | 13 |
| 4 | 微波辐射计 | 部 | 3 |
| 5 | 探空火箭 | 部 | 2 |
| 6 | 移动云雷达 | 部 | 1 |
| 7 | C波段双偏振多普勒雷达 | 部 | 5 |
| 8 | 自动气象站 | 个 | 208 |
| 9 | 探空站 | 个 | 7 |

图5.2　祁连山布设的自动气象站和雨滴谱仪

图 5.3　祁连山布设的人影观测仪器

## 5.5　无人机人工增雨(雪)作业方案

在甘肃省大型无人机人工增雨试验过程中，因不同目的制定不同的试验方案，以便开展相关针对性试验。

### 5.5.1　无人机作业前准备

(1)制订无人机增雨(雪)作业计划

① 无人机增雨(雪)72 小时作业计划

人影作业指挥中心结合近期干旱监测结果和人影需求，根据短期天气预报结论，制定《无人机增雨(雪)72 小时作业计划》，内容包括影响系统的天气类型、演变趋势，无人机作业时段、作业区域、作业需求等。

② 无人机增雨(雪)作业潜力预报和 24 小时作业预案

人影作业指挥中心利用卫星、雷达、常规气象观测等实况监测，结合甘肃省作业概念模型和指标，制定《无人机增雨(雪)作业潜力预报和 24 小时作业预案》，内容包括影响云系的性质、结构、演变和潜力区分，无人机作业云系类型、作业区域、作业对象、作业时段、作业部位、催化方式等。

③ 无人机增雨(雪)作业方案

人影作业指挥中心结合临近监测实况资料,在拟实施无人机增雨(雪)作业3小时前,制定《无人机增雨(雪)作业方案》,内容包括无人机增雨(雪)作业云系性质和结构、作业时段、作业区域、作业对象、作业部位、催化方式、飞行航线等。

(2)拟定无人机增雨(雪)作业任务指令

在《无人机增雨(雪)作业方案》下达至无人机地面控制站后,根据作业任务要求拟定任务指令的内容,并且完成演练(程序操作)。同时,人影作业人员完成机载催化作业设备和大气探测设备的飞行前检查准备。无人机系统各专业人员根据任务指令完成无人机系统准备。

(3)空域与飞行计划申请

① 常备计划申请

按规定申报全年无人机增雨(雪)作业的实施单位、计划起止时间、作业无人机机型、无人机编号、飞行任务等。

② 飞行计划申请

实施作业前,根据《无人机增雨(雪)作业方案》中作业任务的性质和要求,向空军兰州基地或其他空域管制单位提交飞行计划申请,内容包括作业无人机机型、无人机编号、无人机系统的机长姓名、飞行任务、机组天气标准、无人机系统驾驶员情况、作业目标区范围、拟飞行航线、飞行高度、预计起飞时间、预计返回本场时间等内容。

③ 飞行计划变更

因空域原因原定飞行计划不能实施时,及时撤销,重新根据增雨(雪)作业天气形势制订无人机增雨(雪)作业计划(预案、方案),修订飞行计划,再次申请。

### 5.5.2 无人机作业组织与实施

(1)起飞

根据航管安排按计划完成起飞、爬升等动作,起飞过程实时下传机头广角云宏观成像仪视频。

① 无人机系统各岗位人员按程序进行无人机机库外检查、起飞点检查,听从航管安排按计划完成起飞、爬升等动作,起飞过程中,实时下传机头广角云宏观成像仪视频。

② 起飞过程中,机载大气探测和催化作业系统各设备均不开机工作,人影作业人员详细记录各机载设备的状态情况。

(2)作业飞行

① 进入作业区前,控制站的任务载荷操作员启动合成孔径雷达或相关遥感探测设备,根据《无人机增雨(雪)作业方案》进行针对性的气象探测,确认合适的目标区。根据实际气象探测情况与人影指挥人员进行在线任务规划修正,前往修正后的作业区。

② 控制站的任务载荷操作员择机关闭合成孔径雷达或相关遥感探测设备，并且在进入作业区云层前启动电加热防/除冰装置、大气探测设备。

③ 进入作业区后，将画面由机头广角云宏观成像仪切至监控摄像机，任务载荷操作员开始对该区域云层的宏微观特征量等进行探测，实时下传大气探测信息，入云期间严格监控无人机结冰情况。

④ 根据实时下传的大气探测信息确认作业云层满足人工增雨(雪)作业条件时，控制站任务载荷操作员开启机载催化作业系统，按规划好的作业航线进行催化剂的播撒作业。

⑤ 在探测和播撒作业过程中，通过监控摄像机随时观察无人机结冰探测装置，在结冰速率超出规定指标后，立即通知航管并尽快下降飞行高度，脱离空中结冰区域。

⑥ 无人机系统各岗位人员应按照无人机作业飞行相关技术规范时刻关注无人机及任务载荷的工作状态，并关注作业区域无人机围栏相关限制信息，做好应急干预准备。

⑦ 全过程中，详细记录监控画面内的云雨等宏观信息和各机载设备的启动/关闭时间，以及工作状态等信息。

(3)返航、降落

① 根据无人机燃料剩余情况和催化剂剩余情况，灵活安排执行任务或返航。在机载焰条没有燃烧完毕的情况下，无人机不能降落。

② 无人机返航，脱离作业云区后，电加热防/除冰装置、探测设备和播撒设备关机停止工作，无人机摄像机画面由后视输入切回至前视输入机头广角云宏观成像仪。

③ 无人机系统各岗位人员应按照无人机作业飞行相关技术规范时刻关注无人机及任务载荷的工作状态，并关注作业区域无人机围栏相关限制信息，做好应急干预准备。

④ 降落期间，无人机系统各岗位人员应密切关注无人机飞行状态，做好人工接管准备，必要时切换手动降落。

⑤ 飞机着陆后，机务人员按要求进行常规机务维护；人影作业人员检查机载催化作业设备和大气探测设备外观、拆卸催化焰条、清洁大气探测设备窗口。

⑥ 全过程中，人影作业人员详细记录监控画面内的云雨等宏观信息和各机载设备的启动/关闭时间，以及工作状态等信息。

### 5.5.3 无人机作业后信息收集

(1)基础信息记录内容

作业结束后 3 小时内，无人机系统各专业人员和人影作业人员记录包括空域申请与批复时间、起降机场名称、本场天气实况、作业飞行区域代码、无人机机型、机号、飞行操作人员、载荷操作人员、作业记录人员、指挥人员、作业人员、无人机机载设备的开机和关机时间、运行情况等工作状态等各类信息。

(2)飞行内容记录

记录包括无人机起飞、上升、平飞、转弯、下降、着陆信息及对应的时间、经纬度和高度等,播撒作业的起止时间,催化剂用量,空中限制区、电子围栏信息等。

(3)记录方法

通常情况下,每隔10分钟记录1次飞机所在位置对应的气温、气压、云内外位置、云的性质、云雨情况、飞机结冰、机载探测设备的运行情况;遇特殊情况,应随时记录。

(4)记录形式

① 表格记录。

② 图形图像记录,通过无人机操控人员采集并保存飞行过程中相关的图形图像资料。

③ 音频视频资料可以作为记录的补充方式。

④ 制作无人机增雨(雪)作业规程流程图。

(5)资料上报

作业结束后3小时内,无人机系统各专业人员和人影作业人员对无人机增雨(雪)作业所涉及的所有资料(包括机载大气探测资料等)上报省人影办,省人影办收集汇总本次无人机增雨(雪)作业监控记录存档。

### 5.5.4　无人机增雨试验的组织

(1)构建三级指挥机制

包括省级指挥大厅、人影作业指挥中心和无人机地面控制站三级指挥体系。明确指挥体系中各级部门的职责分工。

① 省级指挥大厅

负责审批无人机增雨(雪)作业方案;用于地方政府、部门各级领导指导观看人工增雨试验作业。

② 人影作业指挥中心

负责无人机增雨(雪)作业任务的提出;制定无人机增雨(雪)任务的相应作业计划、预案和方案;对人工增雨(雪)作业条件进行实时分析与修订航线等。

③ 无人机地面控制站

根据人影作业指挥中心提出的作业任务性质,准备作业无人机;根据作业计划制定无人机增雨(雪)任务指令和飞行计划,完成无人机任务演练;飞行计划申请,向空管部门申请飞行计划及空域;直接控制无人机执行增雨(雪)作业任务。

(2)建立沟通协调机制

① 组建无人机科学试验团队

各部门在省级有关部门的统一领导协调下,根据分工分别负责无人机科学试验的各部分工作，明确各试验团队的职责分工和具体人员。

科学试验团队主要由省级有关部门、天飞公司、中航无人机、甘肃省气象局、兰州大学、中国气象局人影中心、中国科学院大气物理研究所等共同组成。

② 职责分工

省级有关部门：审定试验方案；确定无人机常驻机场和备降机场，协调空域和飞行常备计划；召集组织空军、民航、机场保障等单位召开无人机人工增雨(雪)工作协调会议，并形成会议纪要，作为各方面工作责任的依据。

天飞公司：常备计划编报、飞行计划申请，实施作业前，根据作业任务的性质和要求，向相关管制部门提交飞行计划申请；提供机场的飞行保障；制定无人机增雨作业整体安全应急预案。

中航无人机：根据作业任务要求拟定任务指令的内容，并且完成演练(程序操作)；无人机系统各专业人员根据任务指令完成无人机增雨试验飞行；制定无人机飞行应急预案。

甘肃省人影办：增雨区域确认、作业航线设计、催化时机判断。编制无人机增雨(雪)作业天气过程预报和作业计划(24～72 小时)、无人机增雨(雪)作业条件潜力预报和作业预案(3～24 小时)、无人机增雨(雪)作业方案(0～3 小时)、无人机增雨(雪)跟踪指挥和作业实施(0～3 小时)。作业结束后 3 小时内，省人影办收集汇总本次无人机增雨(雪)作业信息存档并上报。

作业前，人影作业人员完成机载催化作业设备和大气探测设备的飞行前检查准备，包括催化剂焰条装填、大气探测设备外观检查、窗口清洁、各设备通信测试等。

兰州大学等：按照评估方案开展增雨效果评估，及效益估算。作业结束后 24 小时内，分析作业的合理性、目标区和对比区作业前后降水宏微观特征量的动态变化，得出基于多物理参量区域动态对比变化率，结合区域对比分析和区域历史回归等方法对本次无人机增雨(雪)作业效果进行评估。

(3)建立空域协调机制

① 空域协调保障

在省级有关部门的统一领导协调下，召集大型无人机增雨(雪)作业空域协调保障研讨会，明确各军民航空域管制单位、无人机运行单位、无人机制造单位和各起降/备降机场等各部门单位在大型无人机增雨(雪)作业过程中的职责分工、各自承担的安全管理责任、飞行保障所需的条件及标准等。研究制定统一的空域保障标准，解决大型无人机飞行作业过程中无标准可参考的困难，保障大型无人机增雨(雪)作业的顺利有效实施。在此基础上召集无人机增雨协调会议。

② 组织召开无人机增雨协调会议

开展无人机增雨工作前组织空军、民航、机场保障等单位召开飞机人工增雨(雪)工作协调会议，就无人机飞行方法、计划审批、飞机转场、备降、穿越航路、通信联络、气象保障、地面保障等多方面的工作内容进行规定、协调，并形成会议纪要，作为各方面工作责任的依据。

③ 空域与飞行计划申请

常备计划申请。作业飞机进场后，及时向飞机所在起降机场的航行管制调度部门申报常备飞行计划，主要包括无人机增雨(雪)作业的实施单位、计划起止时间、作业无人机机型、无人机编号、飞行任务等。

飞行计划申请。实施作业前，根据《无人机增雨(雪)作业方案》中作业任务的性质和要求，向相关管制部门提交飞行计划申请，内容包括作业无人机机型、无人机编号、无人机系统的机长姓名、飞行任务(目的)、机组天气标准、无人机系统驾驶员情况、作业目标区范围(以某某区号给出)、拟飞行航线、飞行高度、预计起飞时间、预计返回本场时间、拟定的备降机场等内容。

飞行计划变更。因空域原因原定飞行计划不能实施时，应及时撤销，重新根据增雨(雪)作业天气形势制订无人机增雨(雪)作业计划(预案、方案)，修订飞行计划。

(4)搭建无人机人工增雨作业指挥系统

根据大型无人机人工影响天气工程项目建设内容，建立一套无人机人工增雨作业指挥系统，用于省级指挥大厅观摩指导无人机人工增雨作业和省气象局专业技术人员实时监视并同步分析各类关键数据指挥作业飞行(图 5.4)。

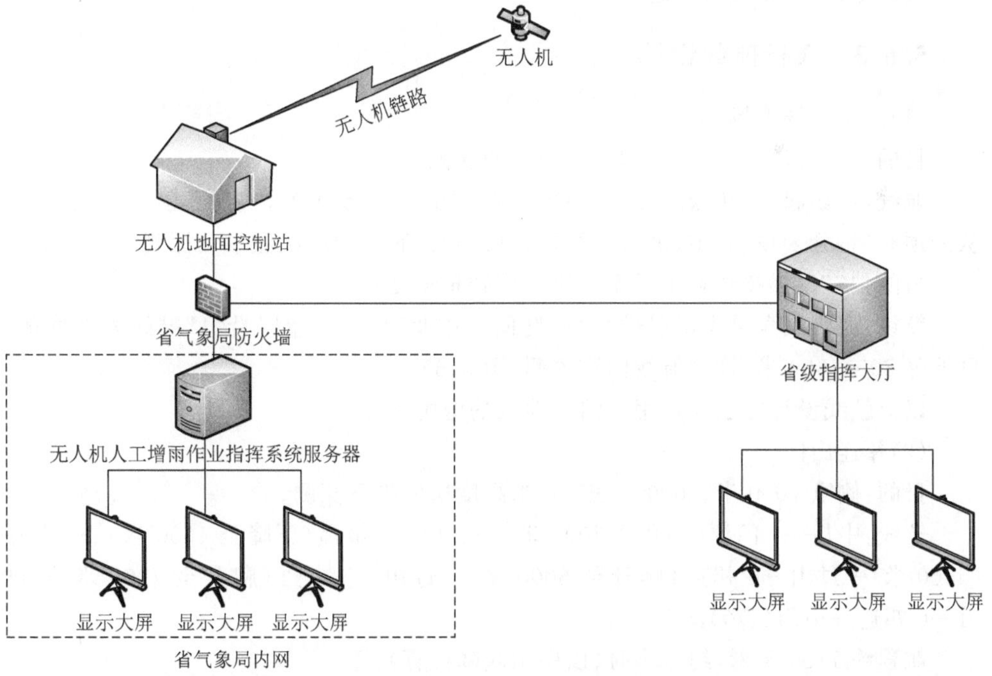


图 5.4　无人机人工增雨作业指挥系统结构示意图

无人机地面控制站中大气探测信息、SAR 侦察信息、监控摄像机图像、机载催化作业系统工作状态和任务规划导航信息由各对应工业计算机输入至 DVI 视频矩阵进行配置管理，通过转接模块将 DVI 信号转换成 HDMI 信号，经过 HDMI 光端机由光纤进行远距离传输至省人影办，由无人机人工增雨作业指挥系统进行整合显示，实现远距离实时监视无人机各项重要信息。

## 5.6 人工增雨(雪)作业飞行方案

### 5.6.1 飞行架次安排

为完成无人机增雨系统作业效果评估，利用不少于 15 个架次的飞行，开展无人飞机增雨外场试验，以验证无人机增雨系统在复杂气象条件、复杂地形条件下，实施人工增雨和探测作业的能力。

### 5.6.2 飞行区域

根据空中管制情况和无人机增雨系统能够到达的飞行区域，在天水机场本场、祁连山地形云试验区、河东地区实施增雨飞行。其中，以祁连山地形云试验区实施增雨飞行效果最佳，河东地区次之。

### 5.6.3 飞行航线设计

(1)天水机场本场

目的：侧重云系垂直结构和水平分布的探测。

航线：本场起飞，从云底开始，间隔 300～500 米盘旋上升，直到云顶或升限高度；从云顶开始，分云顶、云中(水汽含量较好层)和云底 3 个层次做平飞探测(图 5.5)。

目的："S"型播撒作业前后不同高度层物理量变化。

航线：在水汽含量丰富层进行"S"型催化作业后，在作业层沿"1"航线回穿探测，再下降 300～500 米沿"2"航线回穿探测(图 5.6)。

以上航线设计方法亦适用于河东地区的增雨飞行。

(2)祁连山区

目的：侧重 7000 米、6000 米、5500 米高度层的平飞探测。

航线：中川—1 门源(爬升至 7000 米)—过山—2 金昌(下降至 4000 米)—3 山丹(5500 米)—过山—4 祁连(爬升至 6000 米)—过山—5 山丹(爬升至 7000 米)—过山—6 祁连—中川((彩)图 5.7)。

航程约 1100 千米，约 4 小时(以中川起降计算)。

目的：侧重祁连山南北坡 4000 米、5500 米、6000 米和 7000 米高度的平飞探测。

航线：中川—1(4000 米)—2 民乐(爬升 5500m 米)—过山—3 祁连—4 门源(爬

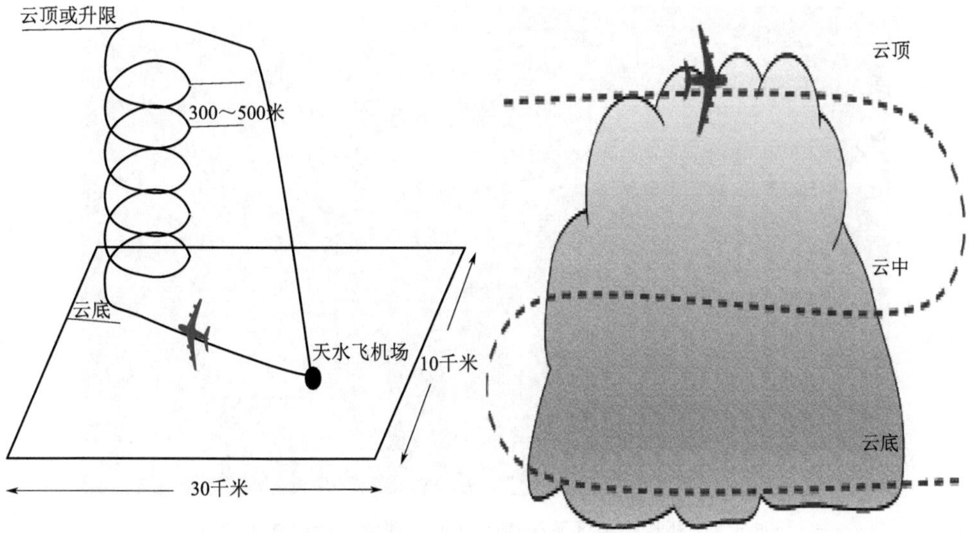


图 5.5　天水机场本场探测飞行航线示意图

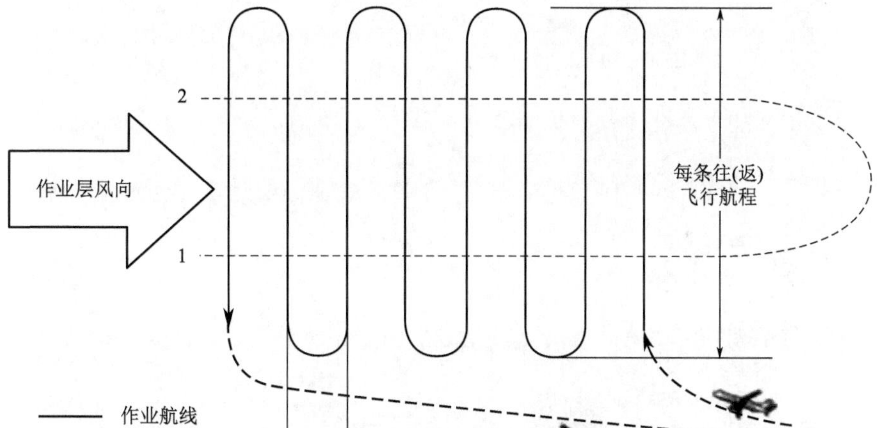


图 5.6　天水机场本场作业回穿探测航线设计示意图
（1 作业层回穿航线；2 作业层以下 300～500 米回穿航线）

升 6000 米）—过山—1—平飞—2 民乐（爬升至 7000 米）—过山—3 祁连—中川（图 5.8）。

航程约 1100 千米，约 4 小时（以中川起降计算）。

(3)回穿探测

目的：作业前后不同高度层物理量变化。

平直气流和西北气流型航线：中川—1 祁连（爬升至 7000 米）—过山—2 山丹（下

图 5.7　祁连山地区系统性天气过程探测飞行航线示意图

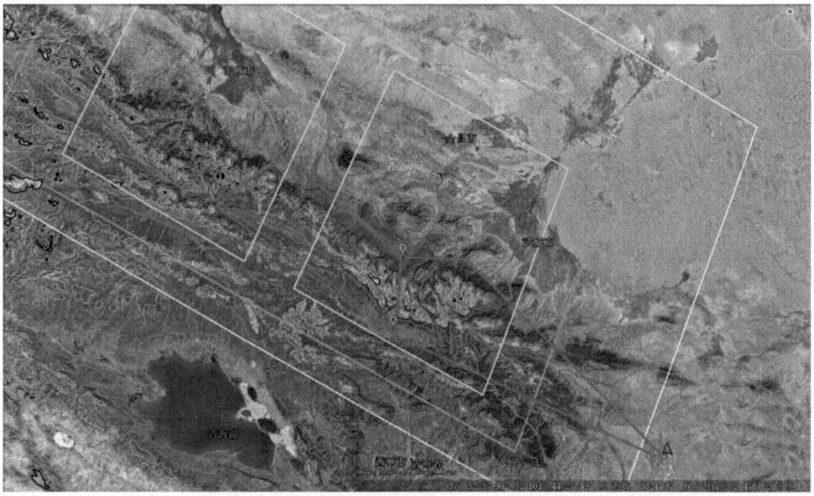

图 5.8　祁连山地形云探测飞行航线示意图

降至 3000 米)—上升至 6500 米—3 作业点—4 山丹—5 作业点—6 山丹—7 回穿起点(6500 米)—8 回穿终点(5500 米)—中川(图 5.9)。

航程约 1200 千米,约 4.5 小时(以中川起降计算)。

目的:作业前后不同高度层物理量变化。

西南气流型航线:中川—1 作业点(6500 米)—2 作业点—3 作业点—4 作业点—5 作业点—6 作业点—7 回穿起点(6000 米)—8 回穿中点(5500 米)—9 回穿终点(4000 米)—中川(图 5.10)。

图 5.9　祁连山区平直气流和西北气流型作业后回穿飞行航线示意图

图 5.10　祁连山区西南气流型作业后回穿飞行航线示意图

航程约 1200 千米，约 4.5 小时（以中川起降计算）。

## 5.7　无人机人工增雨（雪）作业效果评估

### 5.7.1　评估目的意义

（1）评估的目的

近些年来，随着无人机技术的不断进步，无人机的民用领域正在逐步扩大。利用大型无人机挂载气象探测仪器及人影作业装备，开展大规模、全季节的人工增雨，具有成本低、无伤亡、生存能力强、机动性能好、使用方便等优势，有利于人影精准、立体催化以及精细探测业务的开展，是传统人工增雨作业手段的重要补充，也是未来人工增雨技术发展的必然趋势。

评估已经改装完成的甘霖-Ⅰ大型无人机人工增雨(雪)系统(以下简称无人机增雨系统)，检验针对复杂天气条件下的不同降水过程、不同催化作业条件云系的增雨(雪)作业能力；检验复杂地形条件下进行不同区域和不同范围、较长时间连续性人影作业能力；检验无人机人工增雨(雪)系统作业效益。能够使无人机在真正意义上成为人工增雨(雪)作业的重要手段。

(2)评估的意义

人工增雨(雪)作业效果评估是人工影响天气工作的重要环节之一。评估无人机增雨系统具备复杂天气条件下、复杂地理条件下的作业能力，并有人工增雨(雪)的效果，证明无人机增雨系统能够满足人工增雨(雪)技术的需求，从而为人工影响天气作业开辟新的作业技术手段提供依据。

无人机人工增雨效果评估包括人工增雨经济效益、生态效益等的评估。根据科学设计的航线开展飞行，遵照人影原理实施的科学作业将大大提高人工增雨作业技术水平。提升人工增雨作业和开发空中云水资源的能力，在农业抗旱、缓解水资源短缺、森林防火等方面发挥明显作用，推进甘肃省生态修复、解决甘肃乃至西北区域性缺水问题发挥巨大的生态效应，助力生态修复，有效补充甘肃省现有飞机人工增雨的不足，扩大有效作业范围、增加有效降水，对开创富民兴陇新局面、助力脱贫攻坚战具有重要贡献。

### 5.7.2 评估内容

(1)飞行架次安排

为完成无人机增雨系统作业效果评估，利用约15个架次的飞行，在不同天气条件下，开展无人飞机增雨外场试验，以验证无人机增雨系统在复杂气象条件、复杂地形条件下，实施人工增雨和探测作业的能力。

① 晴空条件(1架次)

飞行目的：测试无人机改装的系统性及机载设备晴好天气下的稳定性及数据上传/下载等通信功能，及其机载设备与无人机平台之间的兼容性。

具体实施：用1架次飞行，测试机载大气探测设备和播撒系统的通电、点火、数据上传/下载等通信功能，测试地面显控软件状态。

② 有云条件(1架次)

飞行目的：测试机载设备在有云天气下的稳定性及数据上传/下载等通信功能，地面指挥及临场变更航线的机动能力。

具体实施：利用1架次飞行，测试机载大气探测设备和播撒系统的通电、点火、数据上传/下载等通信功能，测试地面显控软件状态。并测试无人机模拟“8字形”播撒。同时,配合地基观测设备,对预设航线进行临场指挥变更。

③ 降水条件(9 架次)

飞行目的:测试无人机人影作业系统空中防/除冰能力;测试机载设备在复杂天气和复杂地形下的稳定性及探测数据回传质量,地面指挥及临场变更航线的机动能力。

具体实施:选择 2 次有利于空中积冰的天气条件,对空中积冰区域进行趋势预报,测试无人机增雨系统穿越积冰区的防/除冰能力,同时监控机载设备数据回传质量;

在此基础上,利用 7 架次测试机载大气探测设备和播撒系统的通电、点火、探测数据回传质量,测试无人机人工增雨作业指挥大厅地面显控软件状态,同时实施催化播撒,并配合地基观测设备,对预设航线进行临场指挥变更。

④ 回穿探测(4 架次)

飞行目的:无人机增雨系统开展催化作业前后探测对比。

具体实施:利用 4 架次飞行,在实施无人机播撒作业后,在预设高度实施回穿探测飞行,对作业前后云系的微物理状态开展探测,为效果检验提供数据支撑。

(2)飞行区域

根据空中管制情况和无人机增雨系统能够到达的飞行区域,在天水机场本场和祁连山地形云试验区开展飞行验证。

晴空条件:机场本场验证飞行;

降水及回穿探测:祁连山地形云试验区、甘肃河东地区或天水机场周边。

(3)飞行时间

2020 年 8 月下旬至 9 月中旬完成无人机增雨系统的效果评估。

(4)飞机空中积冰条件分析

飞机积冰是对航空飞行安全危害最严重的气象要素之一,对于无人员伤亡损失的无人机飞行同样至关重要。而飞机人工增雨(雪)作业恰恰是在有利于空中积冰的气象条件中实施,开展空中积冰区域的预报是每次实施增雨(雪)作业前必须关注的问题。

① 积冰预报方法

目前常用的飞机积冰预报方法有霜点法、修正霜点法、假霜点判别法及积冰指数预报法等 4 种。

飞机人工增雨(雪)作业主要在层状云系、层积混合云系中实施,所以选取积冰指数预报法开展判断。积冰指数($I_C$):

$$I_C = \frac{[(R_H - 50) \times 2] \times [T \times (T + 14)] \div (-49)]}{10} \tag{5.1}$$

其中,$R_H$ 为相对湿度×100,$T$ 为温度(℃)。

当垂直速度($w$)≤−0.2 帕/秒时:$4 > I_C \geqslant 0$,为轻度积冰;$7 > I_C \geqslant 4$,为中度积冰;$I_C \geqslant 7$,为严重积冰。

结合甘肃省现有的 9 个探空气象站的探空资料以及目前航空气象部门日常业务

的经验积累(图 5.11),建立了以积冰指数预报为主的空中积冰预报方法。

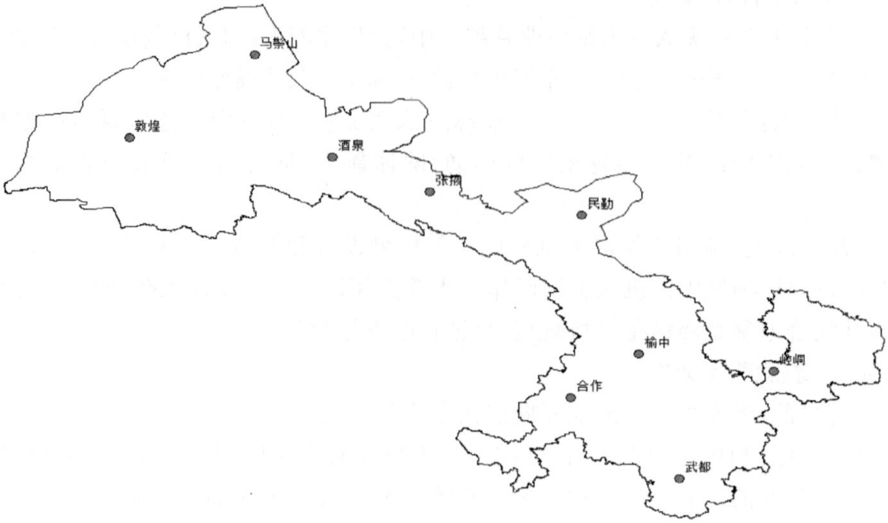


图 5.11 甘肃省气象探空站分布图

b. 空中积冰条件分析

以全省气象探空资料为例,对空中积冰展开如下分析((彩)图 5.12):

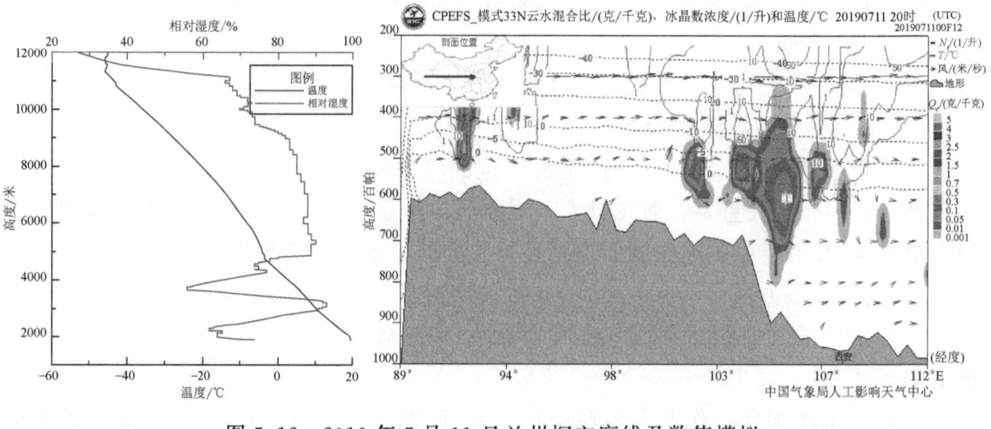


图 5.12 2019 年 7 月 11 日兰州探空廓线及数值模拟

如(彩)图 5.14 所示,兰州区域上空,5000～9000 米相对湿度＞80%,存在深厚的过冷云层;CPEFS 模式预报的云水含量剖面中,在 0 ℃至－20 ℃存在大量的过冷云水,容易造成飞机积冰。

通过积冰指数预报,河西地区积冰出现在 4000～7000 米,中心高度在 5000 米左右((彩)图 5.13);河东地区积冰出现在 5000～7000 米,中心高度在 6000 米左右((彩)图 5.14)。

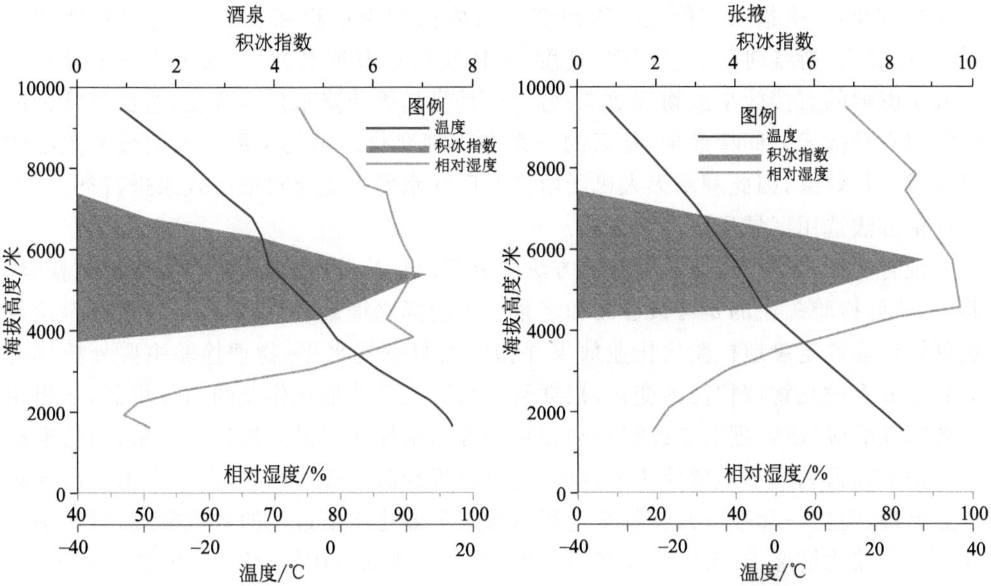


图 5.13　河西地区空中飞机积冰条件分析

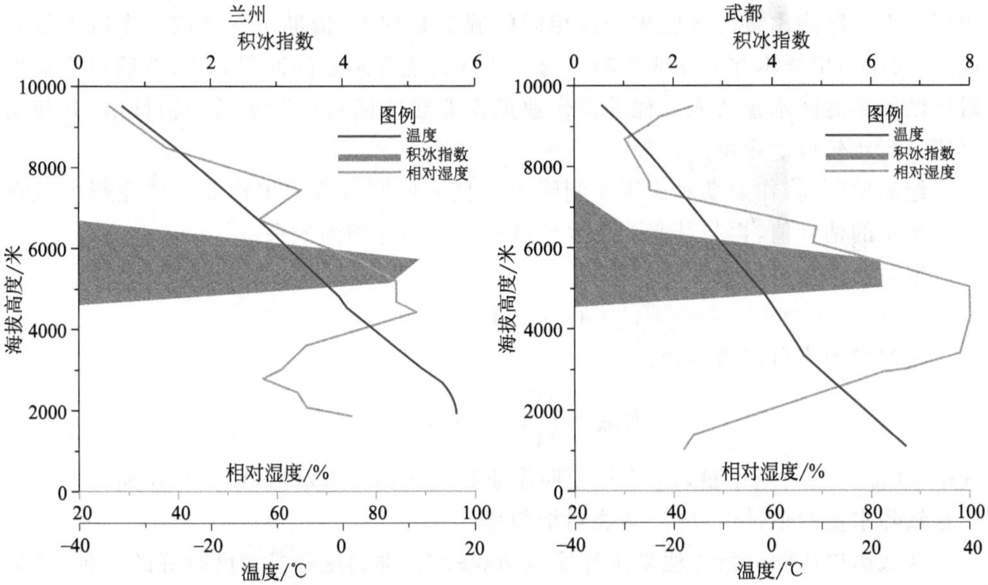


图 5.14　河东地区空中飞机积冰条件分析

### 5.7.3　效果评估方法

(1)评估的主要方法

人工增雨效果是指人工催化作业后的云体和降水状态发生的变化。这种变化包含两个方面：一是指人工催化是否改变了云内微物理过程和云中宏观、微观物理量(如云体高度、持续时间、上升气流速度、云体温度以及冰晶浓度、大云滴浓度等)，这是人工影响的直接效果或物理效应；另一个是指是否使降水发生变化，这虽是播云的目的但它是播云的间接效果，是云的一系列物理变化的最终结果。人们最为关心的正是后一种效果，因此利用无人机增雨作业后降水发生变化对增雨效果进行评估，具体评估方法选用区域历史回归方法。

现有的人工增雨作业效果检验方法主要有统计检验、物理检验和数值模拟检验。其中，统计检验关注的是可被检测和定量分析的降水增量(间接效果)，运用概率论与数理统计理论定量地检验出作业效果并指明其显著性水平；物理检验主要分析作业前后云的宏微观物理特征的变化，根据云降水形成及其催化作业的物理机制，找出相应的物理响应(微物理响应或宏观动力响应等)，定性或定量分析作业效果；数值模拟检验是根据云和降水形成的热力过程、动力过程和微物理过程等，以及人工增雨催化作业原理，建立一套描写云和降水过程以及人工催化增雨过程的数值模式，定量预报催化与不催化情况下，云的发展和降水量，并与实测结果比较，从而判断作业效果。

① 区域历史回归方法

区域历史回归分析是建立在作业期作业影响区与对比区降水量的统计相关关系与历史上二区降水量的区域相关性相同的假定基础上，借助于一个或一个以上的对比区，根据历史样本建立作业影响区与对比区自然降水量的回归方程，然后将作业期对比区的实测降水量代入方程求得作业期作业影响区自然降水量的估计值，并与实测值进行比较以确定增雨效果。

绝对增雨：将作业期对比区实测降水量代入回归方程求出作业期作业影响区自然降水量的估计值，再与其实测降水量进行比较确定增雨效果。

绝对增雨量可以表示为：

$$O_{HR} = Y_2 - Y'_2$$

相对增雨率可以表示为：

$$R_{HR} = \left(\frac{Y_2}{Y'_2} - 1\right) \times 100\%$$

其中，$O_{HR}$ 为绝对增雨量，$Y_2$ 为作业期作业影响区实测降水量，$Y'_2$为作业期作业影响区自然降水量的估计值，$R_{HR}$ 为相对增雨率。

区域历史回归分析方法是统计检验功效较高，准确度和灵敏度较好的一种，也是国内外人影作业效果检验比较常用的方法之一，所以在效果检验业务中可以首先应用区域历史回归统计检验方法。

② 物理检验方法

物理检验为人工增雨作业效果提供物理证据，所以国际上许多人工影响天气试验将其作为效果检验的重要组成部分。物理检验是根据云和降水形成原理和人工影响的机制，利用直接探测、遥感探测和示踪技术等各种探测技术，测量催化导致的宏观动力效应和微观物理效应等播云的直接效果,制定相应的指标,检验人工影响是否显著地改变这些指标。物理检验通常有以下几个方面:

云微物理参数的观测分析。云微物理参数观测的目的是用于检验增雨作业的微物理基础是否合理,以及所采取的催化方法是否有效的最直观的响应参数。根据这类参数的观测分析结果判断人工影响是否产生了预期的物理变化,如作业前后云中的过冷水含量、冰晶数浓度、云滴谱或雨滴谱的变化,以此判断催化作业直接的物理响应效果。

机载云物理探测仪器可以随作业飞机直接入云中探测云的微物理参量,通过分析云滴谱、雨滴谱、云水含量、冰晶数浓度等微物理参量的变化,得到人工增雨作业的直接效果。

云宏观动力学特征的观测分析。动力学响应参数是催化作业后反映云体宏观物理特征变化的参数,如层状云的云顶特征或对流云体的回波顶高、回波体积、云的色调变化、回波持续时间等。

天气雷达作为一种全天候的探测设备,时间分辨率较高,探测范围较广,雷达回波产品丰富,而且新一代多普勒天气雷达在祁连山地区已经业务布网,现已成为人影作业条件判别及作业后分析作业效果的强有力工具。

气象卫星探测可以实现对大范围天气状况的连续观测,提供天气形势分析、水汽分布等产品,可以提供较大范围人工增雨物理响应的证据。

③ 数值模拟方法

根据云和降水的宏观动力学和微物理学过程以及人工增雨原理,针对人工增雨催化作业问题,建立一套描述云和降水以及人工增雨过程的数值模式,然后求其数值解。用同一数值模式,在同样的初始、边界条件下,对比催化和不催化的计算结果,就可以定量地了解实施催化的效果。

云数值模式不仅能够模拟云和降水的主要过程,而且能够描述云的多种宏、微观物理过程相互作用的整体演变过程,为人工增雨催化试验提供预期的效果。目前,国内外建立和发展的一维、二维和三维云降水数值模式,尽管尚不十分完善,但通过人工催化模拟试验,不但可以了解云和降水过程是否因催化而改变,而且可以了解在这一过程中哪个环节(链)的变化。这对提高人工增雨效果检验的科学性和客观性都是非常重要的,并在人工增雨科学研究和效果检验中已发挥出越来越重要的作用。

(2)评估流程

① 作业过程合理性分析

根据无人机增雨的作业信息,利用观测资料对待检验的作业样本的播云作业过程进行合理性分析,对通过合理性分析认为播云作业过程基本合理的作业样本,进行下述的统计检验;对明显不合理的作业样本则放弃检验。

② 准备降水量资料

收集地面气象站的日雨量资料和小时雨量资料,根据已有经验,日雨量资料的时间序列应不少于20年,小时雨量资料应不少于5年;将两类雨量资料整理成标准通用格式(如雨量资料未经过质量检验,则首先要对雨量资料进行检验并剔除错误资料),形成本地的日雨量数据集和小时雨量数据集。在此基础上,还可以进一步根据本地不同天气气候特点、降水类型(层状云降水、积层混合云降水、对流云降水等)和降水量等级等,对本地的日雨量数据集和小时雨量数据集进行分类,形成本地不同类型的日雨量数据集和小时雨量数据集。

历史期雨量资料应尽量选择未开展人工增雨作业的年份序列,保证用来进行增雨作业效果统计检验的历史样本不受催化作业影响。

③ 选择统计变量

对于持续时间较长的降水过程或持续进行的增雨(雪)作业过程,可以考虑选择日雨量作为统计变量;对于持续时间较短的阵性降水或时间较短的非持续性增雨(雪)作业,可以选择小时雨量作为统计变量。

在此基础上,结合人工增雨作业信息确定作业样本(逐日的区域平均降水量或逐小时的区域平均降水量),同时从相应历史期雨量资料中选择符合条件的历史样本(逐日的区域平均降水量或逐小时的区域平均降水量)。

④ 区域平均降水量的计算

作业影响区或对比区通常包含多个地面雨量站点,实际应用中需要计算区域平均降水量,通常以各站点降水量的算术平均近似代替区域平均降水量 $\bar{r}$ ,即该区域内所有地面雨量站点的雨量观测值 $r_i$ 之和除以该区域内地面雨量站点数 $n$ 。

$$\bar{r}=\frac{1}{n}\sum_{i=1}^{n}r_i$$

⑤ 确定作业影响区

根据实际作业情况(飞行作业轨迹催化作业高度、催化剂及用量等)结合作业影响时效、作业高度的高空风等进行综合判断。

对于无人机作业,首先要分析实际的无人机飞行播撒作业方式,确定无人机是线源播撒扩散或面源播撒扩散或两者结合方式的播撒扩散;根据无人机的实际飞行轨迹,结合作业高度的高空风考虑催化剂的水平扩散和水平传输确定作业影响区范围。

⑥ 选择和确定对比区

选择对比区。作业影响区范围确定后,可根据以下原则选择对比区:a. 对比区通常选在作业影响区的上风方或侧风方,要求不受催化作业影响;b. 对比区的地形、面积与作业影响区大体相仿;c. 对比区和作业影响区受相同或相似天气系统影响;d. 对比区与作业影响区的降水量相关性较好。

相关性分析。利用作业影响区和所选对比区的历史雨量资料,对两区的区域平均降水量进行相关分析,相关系数的大小反映了两区区域平均降水量的相关程度。

确定对比区。根据上述的对比区选择原则，选择多个不同的备选对比区，利用上述的相关分析方法分别计算不同的备选对比区与作业影响区的相关系数，从中选出相关系数最大的备选对比区作为最终选定的对比区。

⑦ 统计变量的正态检验和正态变换

利用区域历史回归统计检验方法进行统计分析时要求统计变量满足正态分布。通常情况下，地面降水量不满足正态分布，如果要利用地面降水量进行作业效果统计检验，需对其进行正态变换，并利用柯尔莫哥洛夫分布函数拟合度检验方法检验统计变量是否服从正态分布。

利用柯尔莫哥洛夫分布函数拟合度检验方法分别对历史期作业影响区和对比区的区域平均降水量进行正态分布拟合度检验。

通过不断地检验和不断地代换，最终选择服从正态分布的代换变量作为新的统计变量进行区域历史回归统计检验。

⑧ 建立区域历史回归方程

利用作业影响区和对比区的历史雨量资料，以对比区历史区域平均降水量为自变量，作业影响区历史区域平均降水量为因变量，采用最小二乘法建立一元线性回归方程：

$$y = a + bx$$

其中系数 $a$、$b$ 如下：

$$b = \frac{S_{xy}}{S_x^2} = \frac{\sum_{i=1}^{n} x_i y_i - n\overline{x}\,\overline{y}}{\sum_{i=1}^{n} x_i^2 - n\overline{x}^2}, \quad a = \overline{y} - b\overline{x}$$

其中，$x_i$、$y_i$ 分别表示历史期对比区、作业影响区区域平均降水量；$\overline{x}$、$\overline{y}$ 分别表示历史期对比区、作业影响区区域平均降水量的平均值；系数 $b$ 的分子是历史期对比区、作业影响区区域平均降水量的协方差，系数 $b$ 的分母是历史期对比区区域平均降水量的方差。

建立上述回归方程所用变量均为变量代换后经检验满足正态分布的统计变量。

⑨ 统计检验结果的显著性检验

采用 $t$-检验法对区域历史回归统计检验的绝对增雨量和相对增雨率进行统计显著性检验，检验统计量 $t$ 的公式如下：

$$t = \frac{\overline{y_k} - \overline{y'_k}}{\sqrt{\frac{1-r^2}{n-2}\sum_{i=1}^{n}(y_i - \overline{y_n})^2\left[\frac{1}{k} + \frac{1}{n} + \frac{(\overline{x_k} - \overline{x_n})^2}{\sum_{i=1}^{n}(x_i - \overline{x_n})^2}\right]}}$$

其中，$\overline{y}_k$ 和 $\overline{\hat{y}}_k$ 分别表示作业期作业影响区区域平均降水量的实测值的平均值和基于对比区区域平均降水量得到的自然降水量估计值的平均值，$r$ 表示基于历史样本雨量资料求得的作业影响区与对比区的相关系数，$k$ 和 $n$ 分别表示作业样本数和历史样本数，$x_i$ 和 $y_i$ 分别表示历史期对比区区域平均降水量和作业影响区区域平均降水量，$\overline{x_k}$ 表示作业期对比区区域平均降水量的平均值，$\overline{x_n}$ 和 $\overline{y_n}$ 分别表示历史期对比区区域平均降水量的平均值和作业影响区区域平均降水量的平均值。

根据上述求得的 $t$ 值查 $t$-分布的数值表，其中自由度 $\nu=n-2$，得到的 $\alpha$ 值即为前面通过区域历史回归方法估算的作业影响区增雨效果的显著性水平。$\alpha$ 值越小说明统计检验结果可信度越高。

⑩ 给出人工增雨作业效果统计检验结果及其显著性水平

利用统计检验方法检验出的人工增雨作业效果是一个统计意义上的检验结果，因此在给出人工增雨作业效果统计检验结果的同时必须给出该统计检验结果的显著性水平。

### 5.7.4 增雨效果评估实施

(1)建立评估机构

人工增雨(雪)作业效果评估是人工影响天气工作的重要环节之一。评估无人机增雨系统具备复杂天气条件下、复杂地理条件下的作业能力，并有人工增雨(雪)的效果，证明无人机增雨系统能够满足人工增雨(雪)技术的需求，从而为人工影响天气作业开辟新的作业技术手段提供依据。

为得到更加权威、可信的评估结果，成立大型无人机人工增雨作业联合评估机构，评估机构由兰州大学牵头，成员单位为中国气象局人工影响天气中心、中国科学院大气物理研究所、中国气象局兰州干旱研究所、甘肃省人工影响天气办公室等单位。组成及分工如下：兰州大学负责地基、天基观测数据的收集整理，负责评估方案的制定；中国气象局人影中心负责评估方法的选择、设计和物理及模式检验工作；中国气象局兰州干旱研究所配合开展模式检验工作；甘肃省人工影响天气办公室负责评估过程中各种资料的统计计算等工作。

(2)人影作业指挥

① 无人机增雨(雪)作业天气过程预报和作业计划制订(24～72 小时)

人影作业指挥中心结合近期干旱监测结果和人影需求，根据短期天气预报结论，制定《无人机增雨(雪)72 小时作业计划》，内容包括影响系统的天气类型、演变趋势，无人机作业时段、作业区域、作业需求等。

② 无人机增雨(雪)作业条件潜力预报和作业预案制订(3～24 小时)

人影作业指挥中心利用卫星、雷达、常规气象观测等实况监测，结合本省作业概念模型和指标，省人影办制定《无人机增雨(雪)作业潜力预报和 24 小时作业预案》，内容包括影响云系的性质、结构、演变和潜力区分，无人机作业云系类型、作业区域、作业对象、作业时段、作业部位、催化方式等。

③ 无人机增雨(雪)作业方案设计(0～3 小时)

人影作业指挥中心结合临近监测实况资料，在拟实施无人机增雨(雪)作业 3 小时前，省人影办制定《无人机增雨（雪）作业方案》，内容包括无人机增雨（雪）作业云系性质和结构、作业时段、作业区域、作业对象、作业部位、催化方式、飞行航线等。

④ 无人机增雨（雪）跟踪指挥和作业实施（0～3 小时）

进入作业区后，操作员开始对该区域云层的宏微观特征量等进行探测，通过数据链实时下传大气探测信息，入云期间严格监控无人机结冰情况；人影指挥人员根据实时下传的大气探测信息确认作业云层满足人工增雨（雪）作业条件时，通知控制站任务载荷操作员启动机载催化作业系统，按规划好的作业航线进行催化剂的播撒作业；全过程中，人影作业人员详细记录监控画面内的云雨等宏观信息和各机载设备的启动/关闭时间，以及工作状态等信息。

⑤ 资料收集和效果评估

作业结束后 3 小时内，省人影办收集汇总本次无人机增雨（雪）作业信息和飞行参数及机载设备探测数据存档并上报。

作业结束后 24 小时内，分析作业的合理性、目标区和对比区作业前后降水宏微观特征量的动态变化，得出基于多物理参量区域动态对比变化率，结合区域对比分析和区域历史回归等方法对本次无人机增雨（雪）作业效果进行评估。

（3）作业实施

① 起飞

无人机系统各岗位人员按程序进行无人机机库外检查、起飞点检查，听从航管安排按计划完成起飞、爬升等动作，起飞过程中，通过数据链实时下传机头广角云宏观成像仪视频。

起飞过程中，机载大气探测和催化作业系统各设备均不开机工作，人影作业人员详细记录各机载设备的状态情况。

② 作业飞行

无人机系统的机长和驾驶员要严格遵守有关安全条例，在增雨过程中严格按批复的区域和高度范围飞行。进入作业区前，控制站的任务载荷操作员启动 SAR（或相关遥感探测设备），根据《无人机增雨（雪）作业方案》进行针对性的气象探测，确认合适的目标区。根据实际气象探测情况与人影指挥人员进行在线任务规划修正，前往修正后的作业区。

控制站的任务载荷操作员择机关闭 SAR，并且在进入作业区云层前启动电加热防/除冰装置、大气探测设备。

进入作业区后，将画面由机头广角云宏观成像仪切至监控摄像机，任务载荷操作员开始对该区域云层的宏微观特征量等进行探测，通过数据链实时下传大气探测信息，入云期间严格监控无人机结冰情况。

人影指挥人员根据实时下传的大气探测信息确认作业云层满足人工增雨（雪）作业条件时，通知控制站任务载荷操作员启动机载催化作业系统，按规划好的作业航线进行催化剂的播撒作业。

在探测和播撒作业过程中，通过监控摄像机随时观察无人机结冰探测装置，在结冰速率超出规定指标后，立即通知航管并尽快脱离空中结冰区域。

无人机系统各岗位人员应按照无人机作业飞行相关技术规范时刻关注无人机及任务载荷的工作状态，并关注作业区域无人机围栏相关限制信息，做好应急干预准备。

全过程中，人影作业人员详细记录监控画面内的云雨等宏观信息和各机载设备的启动/关闭时间，以及工作状态等信息。

③ 返航、降落

根据无人机燃料剩余情况和催化剂剩余情况，灵活安排执行任务或返航。

无人机返航，脱离作业云区后，电加热防/除冰装置、探测设备和播撒设备关机停止工作，无人机摄像机画面由后视输入切回至前视输入机头广角云宏观成像仪。

无人机系统各岗位人员应按照无人机作业飞行相关技术规范时刻关注无人机及任务载荷的工作状态，并关注作业区域无人机围栏相关限制信息，做好应急干预准备。

降落期间，无人机系统各岗位人员应密切关注无人机飞行状态，做好人工接管准备，必要时切换手动降落。

全过程中，人影作业人员详细记录监控画面内的云雨等宏观信息和各机载设备的启动/关闭时间，以及工作状态等信息。

④ 作业后

飞机着陆后，机务人员卸载任务数据提供相关专业进行数据分析，按要求进行常规机务维护；省人影办作业人员检查机载催化作业设备和大气探测设备外观、拆卸催化焰条、清洁大气探测设备窗口。

(4)任务分工

① 协调工作：有关部门

职责：开展无人机增雨工作前组织空军、民航、机场保障等单位召开飞机人工增雨(雪)工作协调会议，就无人机飞行方法、计划审批、飞机转场、备降、穿越航路、通信联络、气象保障、地面保障等多方面的工作内容进行规定、协调，并形成会议纪要，作为各方面工作责任的依据。

② 增雨方案设计：省人影办

职责：增雨区域确认、作业航线指挥、催化时机判断。编制无人机增雨(雪)作业天气过程预报和作业计划(24～72 小时)、无人机增雨(雪)作业条件潜力预报和作业预案(3～24 小时)、无人机增雨(雪)作业方案(0～3 小时)、无人机增雨(雪)跟踪指挥和作业实施(0～3 小时)。作业结束后 3 小时内，省人影办收集汇总本次无人机增雨(雪)作业信息存档并上报。

作业前，人影作业人员完成机载催化作业设备和大气探测设备的飞行前检查准备，包括催化剂焰条装填、大气探测设备外观检查、窗口清洁、各设备通信测试等。

③ 空域申请:无人机运行单位

职责:常备计划编报。

飞行计划申请:实施作业前,根据《无人机增雨(雪)作业方案》中作业任务的性质和要求,向相关管制部门提交飞行计划申请,内容包括作业无人机机型、无人机编号、无人机系统的机长姓名、飞行任务(目的)、机组天气标准、无人机系统驾驶员情况、作业目标区范围(以某某区号给出)、拟飞行航线、飞行高度、预计起飞时间、预计返回本场时间、拟定的备降机场等内容。

④ 无人机操控:无人机运行单位

职责:在《无人机增雨(雪)作业方案》下达至无人机地面控制站后,根据作业任务要求拟定任务指令的内容,并且完成演练(程序操作)。无人机系统各专业人员根据任务指令完成无人机系统准备。

⑤ 增雨效果评估:兰州大学等

职责:按照评估方案开展增雨效果评估,及效益估算。

作业结束后24小时内,分析作业的合理性、目标区和对比区作业前后降水宏微观特征量的动态变化,得出基于多物理参量区域动态对比变化率,结合区域对比分析和区域历史回归等方法对本次无人机增雨(雪)作业效果进行评估。

⑥ 无人机系统防/除冰效果评估:无人机运行单位

### 5.7.5　增雨效果评估结果

(1)无人机增雨(雪)作业过程合理性分析

在对既有增雨(雪)作业样本进行效果检验前,应从人工增雨作业条件、作业时机和作业部位,不同类型催化剂和不同作业方式的适用条件等方面对作业样本进行作业过程合理性分析,对满足作业合理性要求的作业样本进行作业效果统计检验或物理检验才有意义。

首先分析人工增雨作业条件,就天气条件来说,主要反映在天气形势和大气静力稳定度上;其次,针对不同类型云系(层状云、积状云、积层混合云等)从云的宏、微观结构方面考虑人工增雨作业条件、作业时机和作业部位。

我国开展人工增雨业务作业一般采用播撒含碘化银成冰剂的冷云催化剂实施催化,必须在含有丰富过冷水但缺少自然冰核的负温区进行,在其播云窗区作业效果最佳。

对作业过程进行合理性分析,首先需要获取完整准确的作业信息和其他观测信息,根据获取的作业信息,对待进行作业效果检验的人工增雨作业个例进行作业合理性分析。

对于无人机增雨(雪)作业,首先根据飞机飞行轨迹文件在地图上显示飞机作业航迹和飞机作业高度,同时叠加作业时刻的雷达回波以及利用距离最近的探空站数据等分析云的宏微观结构,分析作业目标云体是否具备催化作业条件,分析飞机播云作业的温度层是否在有效的播云窗区。如飞机带有云探测仪器，则可结合机载探测信息进行上述分析，初步判断该次作业过程是否合理。

如果分析认为作业本身有明显的不合理现象（如根据飞行轨迹分析确认飞机在正温区或温度高于−5 ℃区域且无明显的上升气流区域播撒碘化银作业等），则认为本次作业过程不合理，放弃对该个例的作业效果检验；如果分析认为本次作业过程基本合理，则确认并进行下一步的作业效果检验。

(2)资料收集归档验收

① 基础资料归档

包括空域申请与批复时间、起降机场和备降机场的名称、本场天气实况、作业飞行区域代码、无人机机型、机号、飞行操作人员、载荷操作人员、作业记录人员、指挥人员、作业人员、无人机机载设备的开机和关机时间、运行情况等工作状态信息归档。

② 作业信息归档

对无人机增雨(雪)作业所涉及的空域审批文件、飞机检查记录、飞机监控记录、作业宏观记录、航线信息、播撒作业的起止时间，催化剂用量等信息归档。

③ 探测数据归档

对无人机增雨(雪)作业过程中的机载云和降水探测设备资料归档。

(3)作业评估结果

分析作业的合理性、目标区和对比区作业前后降水宏微观特征量的动态变化，得出基于多物理参量区域动态对比变化率，结合区域对比分析和区域历史回归等方法对无人机增雨(雪)作业效果进行评估并形成效果评估报告。

# 第6章　大型无人机人工增雨试验实施

翼龙-2 气象型无人机在甘肃祁连山区进行的增雨试验：飞机结冰试验、高空大风试验、夜间增雨试验、横穿祁连山山脊作业、盘旋穿越过冷水丰富区试验等。为了验证其人工增雨的业务能力，在川西高原进一步开展了增雨试验。

## 6.1　首次祁连山无人机催化作业试验

### 6.1.1　无人机增雨作业飞行情况

(1)天气情况

2020 年 10 月 11 日，受冷空气影响，祁连山区有小雨雪。根据人影中心模式预报，10 月 11 日 02—04 时金昌、武威在 3500～4500 米高度云水丰富。10 月 9 日省人影办、兰州中心气象台派出 3 名技术人员赴金昌开展无人机增雨试验气象技术保障，根据现场天气形势研判和白天时段无空域的情况，10 日下午制定了祁连山东段夜间增雨飞行试验方案(图 6.1)。

(2)作业情况

增雨作业时间：2020 年 10 月 11 日凌晨。

增雨作业区域：永昌—皇城以及偏西的祁连山北坡地区。

作业飞行过程中，由大气粒子探测系统可见雨滴、霰粒和雪花等形态的粒子存在，云中过冷水丰富，飞机出现结冰(图 6.2)。

图 6.1　甘霖-Ⅰ增雨无人机飞行前准备

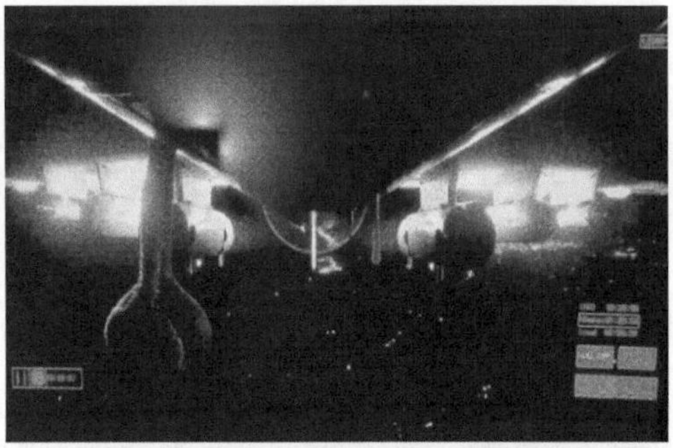

图 6.2　机载焰条燃烧(图中左侧球形天线罩迎风面结冰严重)

### 6.1.2 无人机空中结冰试验

(1)飞机结冰情况

无人机在永昌区域进行垂直探测过程中,4500 米高度提示结冰告警,后视摄像头可见飞机积冰严重(见图 6.3),温度-7 ℃,相对湿度 89%。

无人机在皇城作业区进行催化作业过程中,在 4300 米高度连续出现结冰,温度-8 ℃,相对湿度 79%~91%,由机载大气粒子探测数据可见过冷云滴粒子丰富。

因夜间飞行,机翼翼面结冰情况不可见,但飞行速度、高度等飞参数据显示,未受到明显影响。

(2)云内气象条件

飞机结冰期间,云内相对湿度基本保持在 89%~90%,温度在-7.3~-6.9 ℃,由机载大气粒子探测数据可见,云内过冷水含量最大值达 0.53 克/米$^3$,小云滴粒子平均有效直径 1.78 微米,大云滴粒子平均有效直径 68.61 微米。

(3)落地后的无人机各部位结冰情况

增雨无人机返航落地后,第一时间拍到了还未完全融化的冰块,在球形天线罩、催化剂播撒器、供电油机吊舱、转接梁等凸出部位的迎风面均残留有结实的冰体以及融化后的水珠;同时,无人机落地时在跑道上掉落了大量冰块。但是,无人机机翼翼面干燥、光滑,未见结冰迹象。如图 6.3~图 6.7 所示。

图 6.3 球形天线罩迎风面结冰

图 6.4 催化剂播撒器迎风面结冰

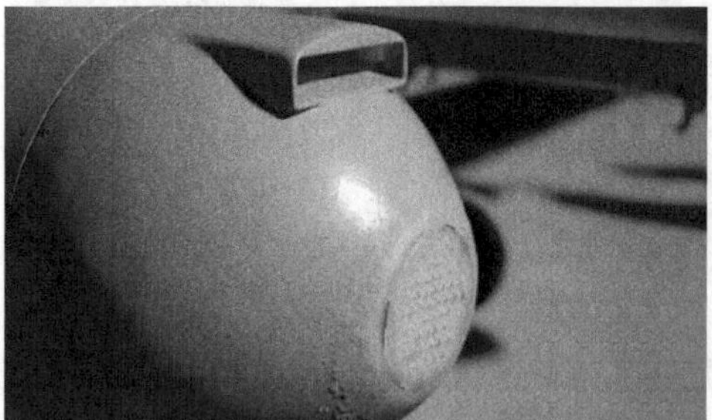

图 6.5 供电油机吊舱迎风面结冰

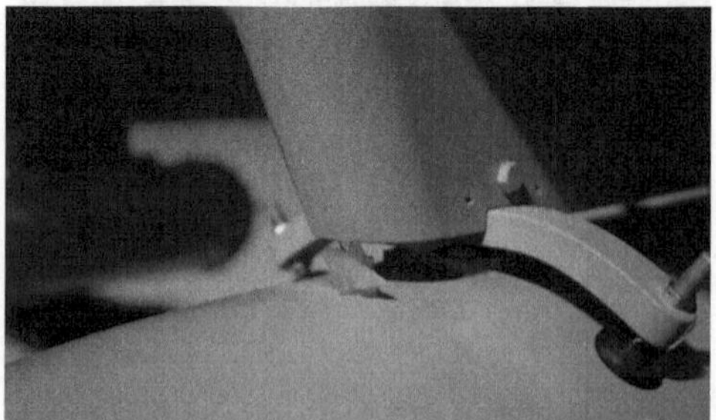

图 6.6 转接梁迎风面残留的冰块和水珠

图6.7　无人机机翼面干燥光滑

### 6.1.3　增雨作业效果初步分析

(1)地面降水

无人机实施增雨作业后,位于作业区下游的永昌站24小时降水量0.1毫米,其间,位于永昌焦家庄的天气现象仪显示在作业结束后突然出现降水,降水强度0.07～0.14毫米/时,作业区周边地区的其他测站没有观测到降水。

(2)机载大气探测数据

由于此次天气过程较弱,作业区位于祁连山北坡山区,大部分地面站点未能观测到降水,通过对比作业前后的机载大气探测数据,发现有一定变化。

从云粒子成像仪捕捉到的二维图像可以清晰看到,目标云区在作业前大云滴粒子较少(见图6.8a),大部分为尺度较小的过冷云滴,作业后较小的过冷云滴明显变少,大云滴粒子增加(见图6.8b)。

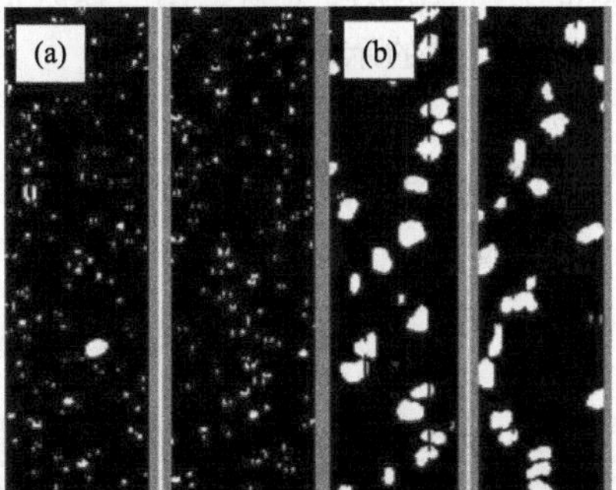


图6.8　云粒子成像仪捕捉到的二维图像(尺度范围25～1550微米)

从降水粒子成像仪捕捉到的二维图像可以清晰看到,目标云区在作业前没有降水粒子存在(图6.9a),在作业后在下游地区的作业层高度以下观测到明显的降水粒子(见图6.9b)。

### 6.1.4　试验结论

(1)首次夜航增雨作业飞行对祁连山生态修复型无人机人工增雨试验具有重大意义。

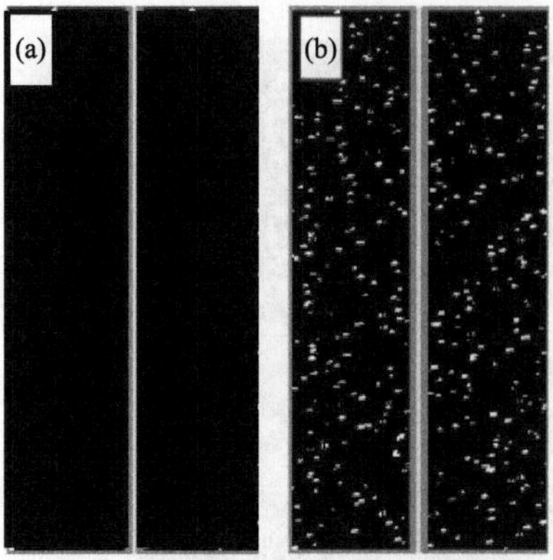


图 6.9 降水粒子成像仪捕捉到的二维图像(尺度范围 100～6200 微米)

增雨无人机本次飞行 2 小时 10 分钟，各系统运行稳定，首次实现了大型无人机在夜航条件下、在祁连山北坡复杂地形条件下的作业飞行，为无人机人工影响天气工程试飞验证积累了宝贵经验。《中国气象报》科学日记栏目发表"大型无人机用于人工增雨？他们打了个样儿!"记录了此次飞行的全过程。

(2)本次增雨作业飞行对大型无人机防/除冰功能的验证具有重大意义。

增雨无人机本次作业区域属于祁连山北坡，地形复杂，空中水汽条件较好，液态水含量达 0.53 克/米$^3$，小云滴粒子平均有效直径 1.78 微米，大云滴粒子平均有效直径 68.61 微米。无人机系统真正进入了过冷水丰富区，完成了增雨作业任务并安全返航。残留结冰证明无人机真正进入了过冷水区，机翼翼面干燥光滑，检验了增雨无人机的防/除冰功能。

(3)本次增雨作业飞行对实施无人机增雨作业的空域保障具有重要的示范意义。

本次增雨作业的顺利实施，是在甘肃省政府的大力协调和军民航管制部门及机场集团的大力支持和相关配合下完成的，首次突破了以往航空管制常规和机场服务保障常规，利用夜间空域空闲时段开展无人机增雨作业，对未来无人机增雨作业的业务化具有重要的示范意义。

## 6.2 首次祁连山跨昼夜催化作业试验

### 6.2.1 无人机增雨作业飞行情况

2020 年 10 月 24 日省人影办、兰州中心气象台派出 4 名技术人员赴金昌开展无人机增雨试验气象技术保障，根据现场天气形势研判及空域情况，24 日下午制定了 10 月 25 日祁连山东段无人机增雨飞行试验方案。

(1)天气预报

24 日 17 时发布的公众天气预报：24 日夜间到 25 日白天，陇南、甘南、定西、天水、平凉等市州多云，部分地方阴有小雨(雪)；省内其余地方多云，祁连山区阴有小雪。

(2)作业情况

根据兰州中心气象台的会商意见，金昌附近的天气过程主要在 10 月 25 日上午。根据和民航空管部门沟通，25 日上午 10 时前，无人机试验飞行必须结束，并释放空域。经省人影办组织无人机试验团队会议商定，采取凌晨提前起飞，依靠长航时的性能优势提前进入作业区，飞行到上午10时前结束，在飞行过程中捕捉空中云水最大位置，开展增雨作业试验(图6.10)。

图6.10 飞行作业完成后指挥人员合影

2020年10月25日，凌晨3时，天飞公司和中航无人机的飞行机组、地勤人员、保障人员、技术人员以及甘肃省人影办、兰州中心气象台、甘肃公航旅的作业指挥人员、保障人员、技术人员，通过安检进入金昌机场。2020年10月25日，凌晨3时，金昌机场本场起飞前天气条件为晴，抬头可见月亮及星星。试验团队开展飞行前的准备工作，检查飞机、安装焰条、擦拭探头、通信调试、启动指挥系统，和塔台建立联系并协同指挥。

10月25日凌晨，甘霖-Ⅰ增雨无人机伴随轰鸣的马达声拔地而起，划破午夜的宁静向祁连山深处飞去。由于主要天气系统到达本地尚有3个多小时的时间，甘霖-Ⅰ增雨无人机在天气系统的前沿反复穿梭。时而进入深厚云区，时而摄像头传回月亮和星星的惊艳画面。为了探寻最大云水区，无人机在给定的增雨作业区域(空域)，画出立体的凌乱的航迹线。

作业飞行过程中，由大气粒子探测系统可见霰粒和雪花等形态的粒子存在，空域南部靠近山体一侧空中可见降雪由于此次天气过程较弱，作业区位于祁连山北坡山区，大部分地面站点未能观测到降水，通过对比作业前后的机载大气探测数据，发现作业后云底高度有所降低(回穿过程中见到云底在4100米左右，之前探测在5000米)，催化作业1～2小时后，作业区内雨滴谱仪出现降水。

早晨，金昌机场上空云层密布，按照金昌机场塔台的指挥，甘霖-Ⅰ增雨无人机顺利返回金昌机场，自主平稳地回到无人机停机坪，为后续航班的飞行释放了空域。

无人机具有跨昼夜、长航时飞行的能力，尤其在天气和地形复杂的祁连山山区进行夜航。虽然，天气过程较弱，祁连山区的微量固态降水总量有限。但无人机跨昼夜、长航时在祁连山北坡飞行的成功，为后续试验和业务开展打下了较好的基础。

### 6.2.2 试验结论

(1)无人机在飞行过程中航时较长、机动性较强,方便在空中临时变更航线以寻找适合开展人影作业的区域。

(2)无人机连续飞行及开展作业能力较强,本次增雨作业飞行时间为4小时9分钟,较10月11日祁连山第一次试验飞行,作业时间延长了1个多小时。

## 6.3 首次大范围城市上空催化作业试验

### 6.3.1 无人机增雨作业飞行情况

2020年10月27日,天飞公司、中航无人机、省公航旅公司、省人影办、兰州中心气象台派出机组人员、地勤人员、技术人员、保障人员、作业指挥人员,在金昌开展无人机增雨试验,根据现场天气形势研判及空域情况,27日上午制定了祁连山东段无人机增雨飞行试验方案。

(1)人影模式及天气预报

根据兰州中心气象台27日17时发布的公众天气预报,27日夜间到28日白天,全省部分地方有小雪(雨)。根据CPEFS模式预报27日18时,祁连山东段有大面积层状云系覆盖,结合EC预报的风场及水汽条件,700百帕层为东风及东南风,500百帕层为西南风,相对湿度90%以上的区域大部处于两层之间。

2020年10月27日17时,金昌机场本场起飞前天气条件为阴,肉眼可见云层较厚,为层状云系。

(2)作业情况

根据兰州中心气象台的会商意见,天气过程主要在10月27日下午至夜间。根据和民航空管部门沟通,批复空域时间为27日夜间。经省人影办组织无人机试验团队会议商定,按照批复时间和空域开展增雨作业试验。

增雨作业时间:2020年10月27日午后至夜间。

增雨作业区域:武威及其以西的祁连山北坡地区。

作业飞行过程中,由大气粒子探测系统可见雨滴、霰粒和雪花等形态的粒子存在。

### 6.3.2 无人机结冰情况和抗侧风情况

播撒层位于过冷水层上方约50~100米,温度−15~12 ℃,飞行结束后除飞机油机后部有少量碎冰,其余部分未见积冰。飞行过程中飞机开启加热除冰装置,由无人机前视、后视影像监测,未见结冰。

本次试验完成后,在金昌机场降落过程中,观测到9米/秒的侧风,无人机能够平稳降落返回,说明具有一定的抗侧风能力。

### 6.3.3　飞行过程及微观作业效果简要说明

(1)飞行过程概况

飞行过程中 2800 米处，无人机入云，飞机进入空域后，3800 米处高空风速为 6 米/秒，风向 102°(无人机自带测风设备)，初步判定播撒层为东风；指挥飞机飞至空域东北角，17 时 20 分，开始做垂直探测(目的是确定播撒层高度)，无人机爬升底高为 3000 米，螺旋上升至 6000 米，期间由大气粒子探测系统监测云粒子相态变化，并观察飞机实时风数据，确定播撒高度为 4700 米，该层风速为 4～6 米/秒，风向 70°～110°。综合考虑风速、空域内飞行时间，焰条作业时间等因素，计算出每条南北向播撒路径最适宜间隔为 10～12 千米(相当于转弯半径)。

无人机保持 4700 米高度，平均真空速为 250 千米/时，点燃焰条开始垂直于主风向(南北向)进行播撒作业，飞至空域边缘转弯 90°，进行 10～12 千米的自东向西飞行，之后再南北向播撒作业，如此往复。至所有焰条全部燃烧完毕，无人机恰好飞至作业区最西南角(这一点无人机很容易实现)，焰条燃烧时间基本固定，无人机飞行控制可调范围较大。同时开始利用云粒子探测设备对之前作业效果进行检验。如(彩)图 6.11 所示。

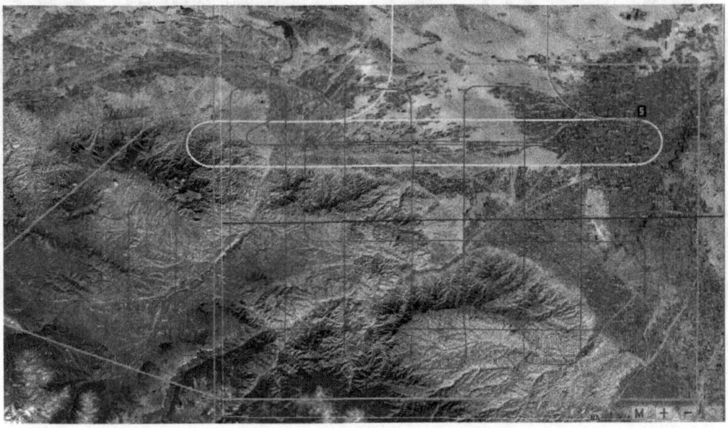

图 6.11　试验区域和飞行航线

(2)微物理探测情况

由于在空域西南边有海拔 3700 米的较高山峰，无人机飞行高度下限受到限制，因而选择下降至 4200 米高度开始自西向东飞行，探测南北向播撒路径上云微物理结构。自西向东飞行过程中发现 4200 米高度层上云粒子及降水粒子浓度较播撒前增大了约 3 倍多，其中作业后 1.5 小时附近粒子浓度增大最为明显，作业 2 小时粒子浓度较 1.5 小时粒子浓度有下降。19 时 54 分飞行至未作业区，粒子数浓度减少了一半。20 时飞至与作业区第一交叉点位置，飞行高度 3000 米，向西开始 3000～4800

米的匀速爬升飞行，飞至作业区，粒子浓度又明显增多，飞至播撒高度4700米以上，粒子浓度瞬间产生量级上的陡变(这说明了播撒层气流稳定，无明显上升气流)。

随后进行了多个海拔平面的立体飞行及平飞探测，发现3600米处粒子数明显增多。飞至作业区东北角开展了距离播撒轨迹9000米及4000米的两组垂直螺旋探测，发现这两个区域内的粒子谱相差不大，且粒子数较之前已明显减少，此时距离该位置开展作业大约2小时50分钟(已变为雨水落至3000米以下，地面出现明显降水)。综合粒子谱变化，作业后1～2小时内形成明显降水，且降水不断增大，2小时后降水趋于稳定。

武威周边开展垂直探测，高度从3900～6200米，分析云粒子和降水粒子探头资料可见：整层温度在－16～－10 ℃，相对湿度大于70%，高层云粒子有效浓度大于低层，有效直径在500～900微米，量级相同，变化不大。降水粒子浓度高低层相当，有效直径上层大于下层。由二维图像可明显可见云中存在六角状冰晶和柱状冰晶，以及霰粒和雪团(图6.12～图6.13)。

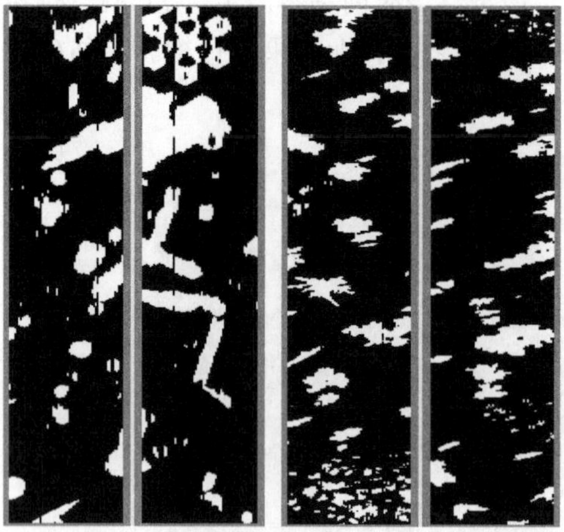

图6.12　4500米云粒子二维图像和降水粒子图像

图6.13　6200米云粒子二维图像和降水粒子图像

### 6.3.4　效果评估分析

(1)探空资料分析

从民勤及西宁资料中看出无人作业高度层的相对湿度大于80%，温度露点差小于2.0 ℃，温度－10 ℃，满足人影作业的需求。

(2)降水量分析

根据2020年10月27日08时的民勤及西宁探空资料，无人机增雨(雪)作业高度层的风向为东风，作业影响区为无人机增雨作业区及下风方。从10月27日降水量图可以看出(除乌鞘岭外)作业影响区的雨量明显比上风方和侧风方的雨量大。

从作业区降水小时降水量变化图中可以看出无人机增雨作业开始后1小时，小时降水明显增强。

从永昌气象站地面雨滴谱仪观测的分钟雨强、雨滴数浓度、雨滴平均直径、雨滴含水量时间变化特征可以看出，作业后各参量都有明显增大((彩)图6.14)。

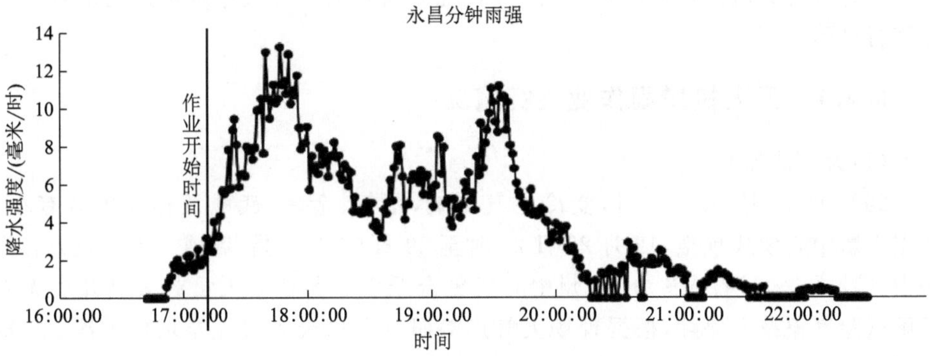


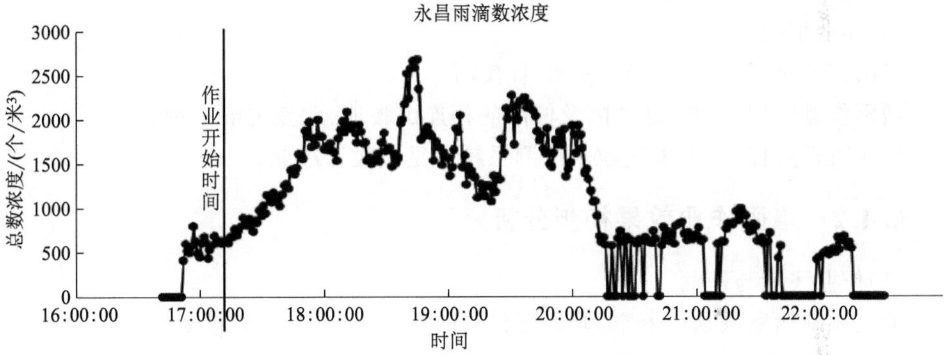


图6.14　永昌站地面雨滴谱分析

## 6.3.5　试验结论

(1)本次无人机增雨试验飞行4小时38分钟，各系统运行稳定，其间无人机一直在云中飞行、能非常快速的响应各种飞行指令，按照理想的路径进行科学有目的的播撒作业，在给定空域内完全能够做到“想怎么飞就怎么飞”。

(2)甘霖-Ⅰ无人机自带的测风系统和云粒子探测系统能够非常便捷并直观地看到高空实时风场结构和水汽场结构，对于寻找合适的人影作业高度层有着十分重要的指导作用。

(3)甘霖-Ⅰ无人机的可控飞行速度范围较广，便于在飞行过程中进行催化剂播撒剂量的调节。通过飞行轨迹可以看出，本次试验飞行画出了理想的催化作业曲线，取得了理想的作业效果，获得了理想的云物理观测数据。

(4)本次飞行加热除冰效果也比较好，飞行结束后除飞机油机后部有少量碎冰，其余部分未见积冰。

## 6.4 首次无人机穿越祁连山山脊催化作业试验

经各方努力协调，2020 年 12 月 28 日晚顺利实施了首次穿越祁连山山脊增雪作业飞行试验。

### 6.4.1 无人机增雨作业飞行情况

(1)天气情况

2020 年 12 月 28—29 日，受冷空气影响，张掖、金昌、武威及祁连山区有小雪。根据人影中心模式预报，12 月 28 日 20 时至 29 日 02 时永昌、武威一带存在人影作业潜力。12 月 28 日省人影办、兰州中心气象台派出 3 名技术人员赴金昌开展无人机增雨试验气象技术保障，根据现场天气形势研判和白天时段无空域的情况，28 日下午制定了祁连山东段夜间增雨飞行试验方案。

(2)作业情况

增雨作业时间：2020 年 12 月 28 日夜间。

增雨作业区域：永昌-皇城以及偏南的祁连山腹地、武威古浪一带。

作业飞行过程中，由大气粒子探测系统可见霰粒和冰晶。

### 6.4.2 增雨作业效果初步分析

(1)作业飞行与探测

无人机到达皇城水库上空，开始催化前的螺旋垂直探测，根据实时大气探测数据分析，5000 米附近云水条件较好，根据空管批复，在祁连山山脊南北两侧 5000～5500 米高度范围实施催化作业。无人机到达古浪上空，开始螺旋垂直向下探测，判断 4800～5000 米高度层云水条件较好，在此高度层开始向北至批复空域最北端，向西至皇城水库上空，沿“S”形实施催化作业。完成催化作业后，在武威以南地区开展回穿对比观测后，无人机顺利返航。

本次试验飞行过程中，遭遇空中最大风速 23 米/秒，无人机飞行平稳。

(2)地面降水

增雨无人机实施增雨作业后，位于作业区的永昌站及作业区下游的古浪站出现此次降水过程的极值。作业后永昌站 24 小时降水 1.9 毫米，古浪站 24 小时降水 1.2 毫米。

永昌站自然降水结束后，无人机催化作业期间再次观测到降水，但比之前的自然降水略小；古浪站作业前自然降水平稳，作业后降水突然增大。

(3)机载大气探测数据

作业区位于祁连山腹地，由于进入冬季，大部分地面自动气象站点已不能观测固态降水，通过对比作业前后的机载大气探测数据，发现有一定变化。

作业前后云粒子图像可见(略)，作业后高低层粒子尺度均变大，作业后由于冰核的播散，冰晶异质核化及碰连效应增长明显。

作业前后降水粒子图像可见(略)，作业后高层(4700 米)大粒子减少，低层(3900 米)出现较大尺度粒子，这是由于作业后高层粒子碰并增长为较大霰粒和雪团，下落为固态降水。

在作业前后云粒子谱的探测中可以看到(略)，作业后云粒子(尺度范围：25～1550 微米)浓度明显增大，并且谱宽明显变宽。与云粒子图像变化趋势一致。

### 6.4.3　试验结论

(1)首次穿越祁连山山脊实施增雪作业经过各方努力配合，首次实现了大型无人机在夜航条件下穿越祁连山山脊实施增雪作业飞行，并且在穿越过程中实时变更高度以适应增雪作业潜力层高度的分布，为无人机人工影响天气工程试飞验证积累了宝贵经验。

(2)无人机连续飞行及开展作业能力较强本次增雨作业飞行时长 5 小时 43 分，空中遭遇风速 23 米/秒，各系统运行稳定，是开展增雨(雪)作业以来最长航时以及最大风速。

(3)本次增雨作业飞行对实施无人机增雨作业的空域保障具有重要的示范意义。

在以上多次大型无人机人影催化作业试验过程中，虽然还存在诸多不足，但是在军民航管制部门及机场集团的大力支持和相关配合下完成的，最终得以顺利实施。不仅突破了以往航空管制常规和机场服务保障常规，利用夜间空域空闲时段开展无人机增雨作业，还获得了祁连山腹地理想空域的使用，对未来无人机增雨作业的业务化具有重要的示范意义。

## 6.5　川西高原无人机增雨科研改装试验

川西高原地区是四川乃至西南林区的重要组成部分，是长江上游生态屏障的核心区域。由于地理气候原因，该区域森林火险等级常年居高不下，火灾高发，冬半年尤为严重，当地政府采取了一系列重要措施防治森林火灾。人工增雨作业是防治森林火灾有效措施之一，由于川西高原地理条件极其复杂，遍布着超过 5000 米的高山，普通增雨作业飞机难以覆盖。2021 年四川省人工影响天气指挥部成员会议议定利用大型无人机在川西高原开展森林防灭火和生态环境修复人工增雨(雪)作业。

### 6.5.1　机场情况

试飞场地位于四川省凉山州西昌市青山机场，该机场海拔高度约 1550 米，地面站布站位置位于跑道以南 170 米处，机场跑道卫星图见图 6.15 所示。

图 6.15　机场跑道卫星图

## 6.5.2　试飞空域

川西高原地区作业空域约 100000 平方千米，覆盖凉山彝族自治州、甘孜藏族自治州和阿坝藏族自治州区域，人影作业区域分为 5 个区域，分别命名为 U1、U2、U3、U4、U5，空域示意图如图 6.16 所示。

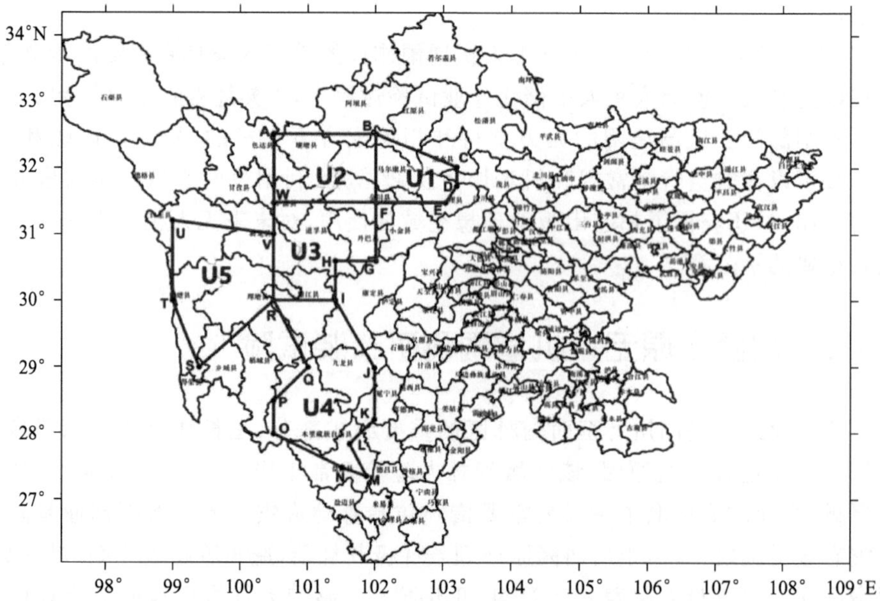


图 6.16　无人机作业空域示意图

翼龙-2 气象型无人机系统在 2021 年 11 月至 2022 年 3 月，在凉山彝族自治州、甘孜藏族自治州和阿坝藏族自治州区域已完成 8 架次作业飞行任务，详见表 6.1 所示。

**表 6.1　无人机川西高原人影项目试飞情况**

| 架次 | 日期 | 试飞空域 | 航时 | 科目 |
|---|---|---|---|---|
| 第 1 架次 | 2022 年 1 月 15 日 | 汶川空域 | 9 小时 21 分钟 | 空域航线试飞 |
| 第 2 架次 | 2022 年 1 月 15 日 | 汶川空域 | 8 小时 44 分钟 | 气象探测 |
| 第 3 架次 | 2022 年 1 月 18 日 | U4 空域 | 3 小时 36 分钟 | 增雨作业 |
| 第 4 架次 | 2022 年 1 月 20 日 | U3、U4 区域 | 3 小时 56 分钟 | 增雨作业 |
| 第 5 架次 | 2022 年 2 月 5 日 | U4 区域 | 4 小时 10 分钟 | 增雨作业 |
| 第 6 架次 | 2022 年 2 月 11 日 | U3、U4 区域 | 4 小时 1 分钟 | 增雨作业 |
| 第 7 架次 | 2022 年 2 月 12 日 | U3、U4 区域 | 7 小时 20 分钟 | 增雨作业 |
| 第 8 架次 | 2022 年 2 月 19 日 | U1、U2 区域 | 6 小时 2 分钟 | 增雨作业 |

### 6.5.3　典型作业情况

(1)试飞情况

2022 年 2 月 5 日，完成 1 架次 U4 区域增雨作业，试飞主要数据见表 6.2。

**表 6.2　2022 年 2 月 5 日试飞主要数据**

| | | | | | |
|---|---|---|---|---|---|
| 飞行日期 | 2022-2-5 | 飞行地点 | 西昌 | 天气情况 | 良 |
| 大气温度 | 16 ℃ | 风速 | 9 米/秒 | 风向 | 160° |
| 开车时间 | 18:32 | 关车时间 | 22:53 | 发动机工作时间 | 4 小时 21 分钟 |
| 起飞时间 | 18:39 | 着陆时间 | 22:49 | 飞行航时 | 4 小时 10 分钟 |
| 最大飞行高度 | 标高 7000 米 | | | | |

本次试飞完成 14 根焰条播撒作业任务，播撒情况见表 6.3。

**表 6.3　2022 年 2 月 5 日焰条播撒器主要数据**

<table>
<tr><th>序号</th><th>点火时间</th><th>点火高度<br>(标准气压高)</th><th>环境温度<br>/℃</th><th colspan="2">有效燃烧时间<br>/分钟</th></tr>
<tr><td rowspan="3">1</td><td rowspan="3">20:23</td><td rowspan="3">7000 米</td><td rowspan="3">−30 ℃</td><td>左 2#:30</td><td>右 2#:30</td></tr>
<tr><td>左 5#:30</td><td>右 6#:30</td></tr>
<tr><td>左 9#:30</td><td>右 9#:30</td></tr>
<tr><td rowspan="2">2</td><td rowspan="2">21:00</td><td rowspan="2">6500 米</td><td rowspan="2">−26 ℃</td><td>左 3#:30</td><td>右 3#:30</td></tr>
<tr><td>左 8#:30</td><td>右 8#:30</td></tr>
<tr><td rowspan="2">3</td><td rowspan="2">21:38</td><td rowspan="2">5500 米</td><td rowspan="2">−19 ℃</td><td>左 4#:30</td><td>右 1#:30</td></tr>
<tr><td>左 10#:30</td><td>右 7#:30</td></tr>
</table>

作业期间大气探测系统数据正常，SAR 气象模式成像正常，如图 6.17～图 6.21，防/除冰系统供电基本正常、云轮廓高清晰影像分析系统正常，前视摄像头工作正常、机站链基本功能正常。

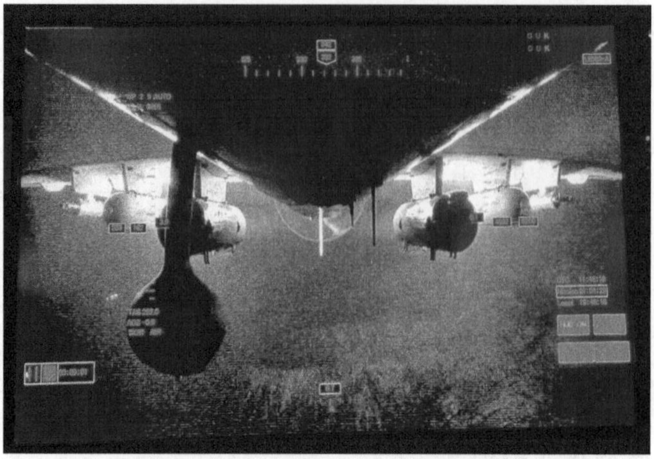

图 6.17　2022 年 2 月 5 日焰条播撒图

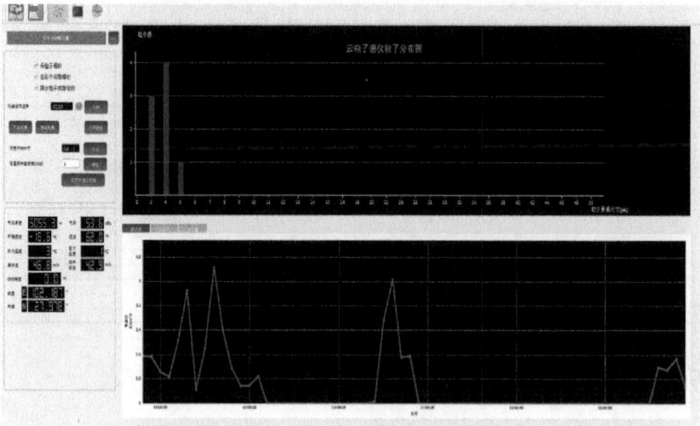


图 6.18　2022 年 1 月 20 日云粒子谱仪粒子分布图

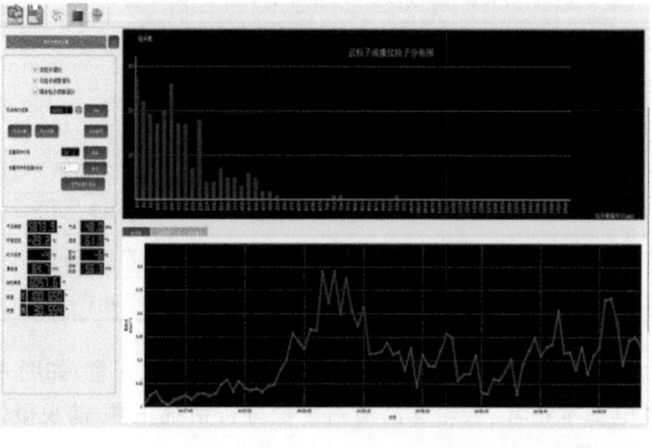


图 6.19　2022 年 1 月 20 日云粒子成像仪粒子分布图

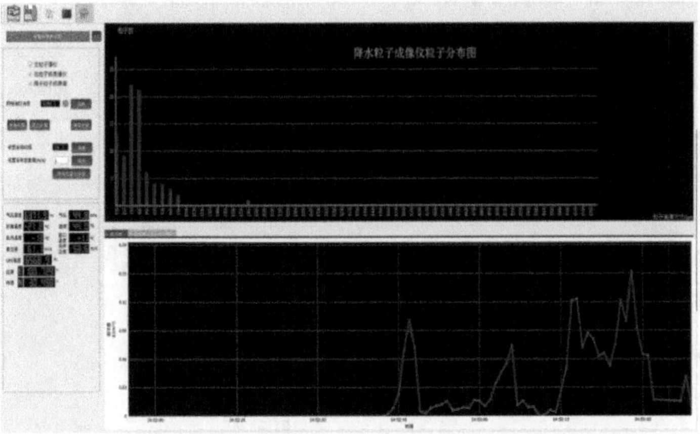


图 6.20　2022 年 1 月 20 日降水粒子成像仪粒子分布图

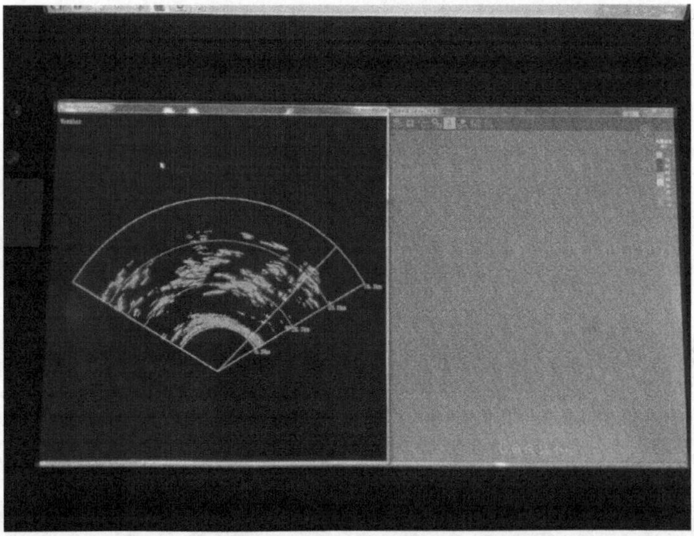

图 6.21　2022 年 2 月 5 日 SAR 气象探测模式图

(2)任务剖面

2022 年 2 月 5 日 U4 区域增雨作业试飞剖面图如图 6.22、图 6.23 所示。

(3)试飞结论

2022 年 1 月 18 日—2022 年 2 月 19 日，在西昌青山机场组织和开展了 1 架次航线检飞，1 架次气象探测飞行和 6 个架次的增雨作业飞行。翼龙-2 无人机顺利完成川西高原开展森林防灭火和生态环境修复人工增雨(雪)作业，累计作业航时近 30 小时，播撒机载碘化银焰条 69 根，影响面积约 11.7 万平方千米，约占川西高原总面积 50%，大部地区明显降雨(雪)，有效降低了川西高原地区森林火险气象等级。

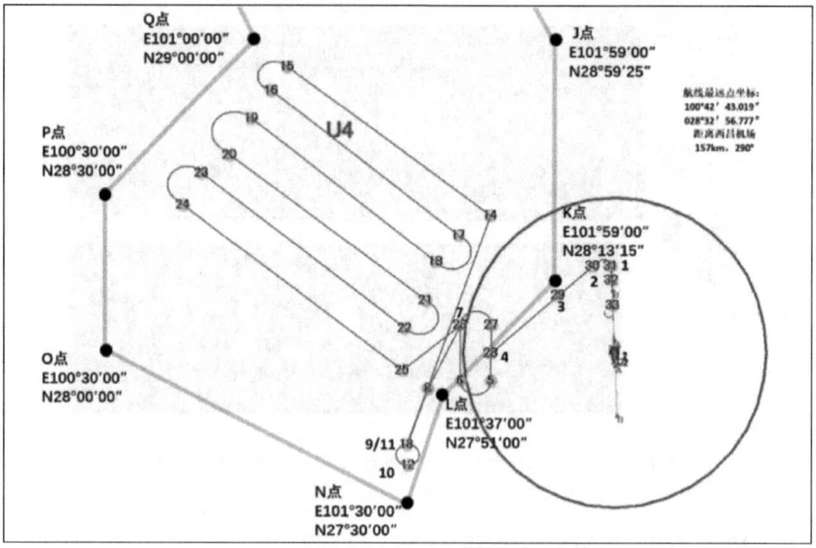


图 6.22　2022 年 2 月 5 日 U4 区域试飞剖面图

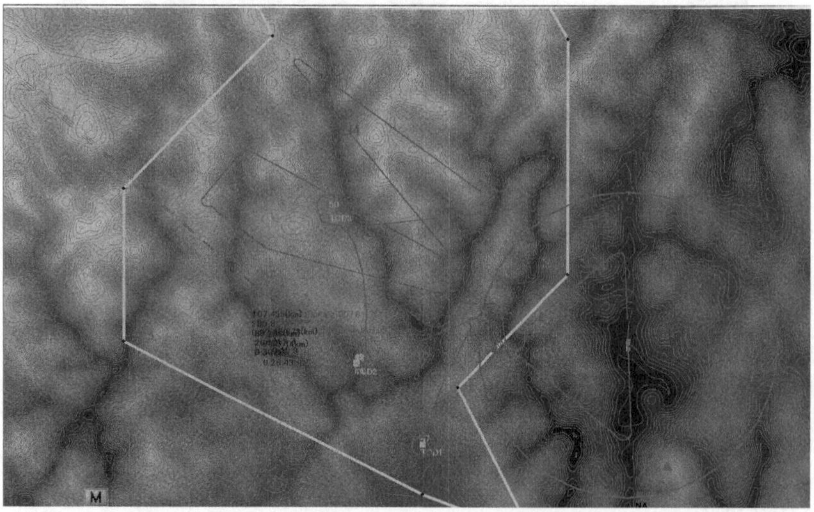

图 6.23　2022 年 2 月 5 日 U4 区域实际作业航迹图

该区域分为 5 个区域，分别命名为 U1、U2、U3、U4、U5。

# 第 7 章　大型无人机人工增雨试验成果

2019 年 12 月 20 日，甘霖-Ⅰ增雨无人机在固原机场成功完成了改装后的首飞试验。2020 年 4 月 20 日在天水机场成功完成了全挂载科研验证飞行。2020 年 9 月底甘霖-Ⅰ增雨无人机转场到金昌机场，经过各方的全力配合，10 月至次年 1 月期间，顺利实施了多架次的人工影响天气探测和催化作业试验飞行，取得了显著的效果。

## 7.1　开创了大型无人机增雨业务化的先河

### 7.1.1　首次无人机祁连山增雨作业飞行

2020 年 10 月 11 日，甘霖-Ⅰ增雨无人机顺利实施了首次祁连山人工影响天气飞行试验。首架次人影试飞，对祁连山生态修复型无人机人工增雨试验具有重大意义。增雨无人机本次飞行 2 小时 10 分钟，各系统运行稳定，首次实现了大型无人机在夜航条件下、在祁连山北坡复杂地形条件下的作业飞行，为无人机人工影响天气工程试飞验证积累了宝贵经验。其次，对大型无人机防/除冰功能的验证具有重大意义。增雨无人机本次作业区域属于祁连山北坡，地形复杂，空中水汽条件较好，液态水含量达 0.53 克/米$^3$，小云滴粒子平均有效直径 1.78 微米，大云滴粒子平均有效直径 68.61 微米。无人机系统真正进入了过冷水丰富区，完成了增雨作业任务并安全返航。残留结冰证明无人机真正进入了过冷水区，机翼翼面干燥光滑，检验了增雨无人机的防/除冰功能。同时，首次增雨作业飞行对实施无人机增雨作业的空域保障具有重要的示范意义。本次增雨作业的顺利实施，是在甘肃省政府的大力协调和军民航管制部门及机场集团的大力支持和相关配合下完成的，首次突破了以往航空管制常规和机场服务保障常规，利用夜间空域空闲时段开展无人机增雨作业，对未来无人机增雨作业的业务化具有重要的示范意义。

### 7.1.2　首次无人机祁连山山区跨昼夜飞行

2020 年 10 月 25 日，甘霖-Ⅰ增雨无人机顺利实施了首次祁连山跨昼夜人工影响天气探测和催化作业飞行试验。无人机在飞行过程中依靠自身长航时、灵活机动的特点，展示了较有人飞机更加方便地在空中临时变更航线以寻找目标云区的巨大优势。依靠长时间留空性能，在目标空域等待主要天气系统的到来。甘霖-Ⅰ增雨无人机在此次飞行过程中，真正展示了精准的超控技术以及避免飞行团队人员的疲劳危险，在地形复杂的祁连山山区，安全顺利地实施了首次跨昼夜、长航时的夜航飞行。

### 7.1.3 首次无人机大范围城市上空人影飞行

2020 年 10 月 27 日，甘霖-Ⅰ增雨无人机在祁连山山区和武威、金昌两个城市上空，顺利实施了首次大范围城市上空人工影响天气探测和催化作业飞行试验，完全按照既定计划航线完成了科学播撒与探测作业。此次无人机增雨试验飞行 4 小时 38 分钟，各系统运行稳定，其间无人机一直在云中飞行、能非常快速的响应各种飞行指令，按照理想的路径进行科学有目的的播撒作业，在给定空域内完全能够做到“想怎么飞就怎么飞”。甘霖-Ⅰ增雨无人机自带的测风系统和云粒子探测系统能够非常便捷并直观地看到高空实时风场结构和水汽场结构，对于寻找合适的人影作业高度层有着十分重要的指导作用。甘霖-Ⅰ增雨无人机的可控飞行速度范围较广，便于在飞行过程中进行催化剂播撒剂量的调节。通过飞行轨迹可以看出，试验飞行画出了理想的催化作业曲线，取得了理想的作业效果，获得了理想的云物理观测数据。此次飞行加热除冰效果也比较好，飞行结束后除飞机油机后部有少量碎冰，其余部分未见积冰。

### 7.1.4 首次无人机夜航穿越祁连山山脊增雪作业飞行

2020 年 12 月 28 日晚顺利实施了首次穿越祁连山山脊增雪作业飞行试验，同时创造了国内无人机人工影响天气作业的最长航时。此次飞行，是国内首次利用无人机在夜航条件下穿越祁连山山脊实施增雪作业飞行，并且在穿越过程中实时变更高度以适应增雪作业潜力层高度的分布，为无人机人工影响天气工程试飞验证积累了宝贵经验。本次增雨作业飞行时长 5 小时 43 分钟，各系统运行稳定，是开展无人机增雨(雪)作业以来最长航时，也创造了国内无人机人工影响天气作业的最长航时。此次甘霖-Ⅰ增雨无人机作业飞行是在甘肃省政府的大力协调和军民航管制部门及机场集团的大力支持和相关配合下完成的，不仅突破了以往航空管制常规和机场服务保障常规，利用夜间空域空闲时段开展无人机增雨作业，还获得了祁连山腹地理想空域的使用，对未来无人机增雨作业的业务化，尤其是对实施无人机增雨作业的空域保障具有重要的示范意义。

## 7.2 突破了大型无人机防/除冰技术的瓶颈

### 7.2.1 大型无人机防/除冰现状

飞机积冰是指过冷水滴冻结或水汽凝华在机体表面形成冰层的现象，积冰破坏飞机的气动特性，使升力降低、阻力增加，同时使飞机失速迎角大幅度下降，对飞行安全造成严重的威胁，因此，对积冰特性的有效预测、建立积冰防护手段是保障飞行安全的重要基础。

因无人机具有生产和运行成本低(无人机生产成本仅为有人驾驶飞机的 5%～15%,飞行成本仅为 1%～5%)、安全风险相对较小的特点,其应用领域不断拓展,近年来,无人机作为一种新型的人影增雨(雪)作业手段,特别适宜在长航程、复杂大气环境下发挥作用,可在低空飞行安全有限的山区发挥优势。但是,人工增雨(雪)作业通常在过冷水丰沛的复杂天气的云层开展,飞机更易发生积冰,而国内外无人机因无人机设计功率等原因,均未考虑机体防/除冰问题。因此,解决增雨(雪)作业中无人机空中积冰问题,对于无人机人工增雨业务化,对于更好地保证作业时长、提高作业效率,从而为推进区域生态修复及经济发展具有重要意义。

飞机积冰强度主要由气象条件和飞机特性决定,气象因素主要包括大气温度、液态水含量及液滴尺寸等。在对气象条件进行研究的基础上,提出飞机积冰预测,采用数值预报模式结合积冰诊断算法判断积冰发生情况已成为积冰预测的主流方法,目前常用国际民航组织推荐的飞机积冰指数(IC)判断积冰的发生和强度。除了解飞行气象条件及预测积冰外,国内外众多学者在飞机积冰原理以及发展相应防/除冰方法方面开展了大量的研究工作,其中电热防/除冰作为一种重要的飞行防/除冰方法,引起了国内外研究者的重视,取得了大量的研究成果,为人类安全飞行提供了保障。然而,无人机本身由于载荷有限及功率限制,合理搭载防/除冰系统一直是需要解决的技术难点。

甘肃省人影部门从 2018 年开始在祁连山地形云外场试验区建设人工增雨探测设施,联合厂家进行无人机增雨作业试验,破解无人机防冰和除冰的技术难题,研究无人机增雨应用技术。在对祁连山地区积冰气象条件进行分析的基础上,利用 IC 指数计算容易出现积冰层,分析无人机积冰的云物理条件,计算无人机除冰功率,最后提出无人机防/除冰技术路线,为大型无人机在祁连山开展人工增雨(雪)作业防/除冰提供依据。

### 7.2.2　无人机增雨飞行基本条件

科学准确判断云系中人工增雨潜力大小及分布特征,对于指挥人工增雨作业、提高增雨效果具有重要意义。其中,云体"催化-供给"云结构、降水机制、过冷水含量、冰晶浓度、云的暖区含水量及冰面饱和水汽量等可反映云系结构、水汽条件、动力条件及微物理特征的量化指标可用来综合考虑判断人工增雨催化条件。

利用人影模式系统预报产品 CPEFS 资料结合 EC 预报,建立了适用于甘肃地区的增雨(雪)潜力区判别指标(表 7.1)如下:

表 7.1　增雨(雪)潜力区判别指标

| 预报产品 | 潜力预报 | |
|---|---|---|
| CPEFS | 垂直累积液态水 | ＞0.1 毫米 |
| | 垂直累积过冷水 | ＞0.1 毫米 |
| | 冰晶数浓度 | ＜20 个/升 |

续表

| 预报产品 | 潜力预报 | |
|---|---|---|
| CPEFS | 云带 | >0.5 毫米 |
| | 组合反射率 | >20 dBZ |
| | 总水成物场 | >0.1 克/千克 |
| | 云水混合比 | >0.01 克/千克 |
| | 3 小时降水 | >0.1 毫米 |
| | 云底高度 | <2 千米 |
| | 云顶高度 | >5 千米 |
| | 云厚 | >2 千米 |
| | 云顶温度 | >−25 ℃,<−5 ℃ |
| | 温度露点差($T-T_d$) | <2 ℃ |
| | 水汽压与冰面饱和水汽压之差($e-E_i$) | >0 |
| | 0 ℃层高度 | <4 千米 |
| | 700 百帕雨水混合比 | >0.01 克/千克 |
| | 500 百帕雪混合比 | >0.01 克/千克 |
| | 500 百帕霰混合比 | >0.01 克/千克 |
| | 垂直风速 | >0 米/秒 |
| | 温度 | >−20 ℃,<0 ℃ |
| EC | 700 百帕比湿场 | >7 克/千克 |
| | 850 百帕比湿场 | >10 克/千克 |
| | 0 ℃层高度 | <4 千米 |

### 7.2.3 无人机飞行积冰机理

产生积冰需具备两个基本要素:过冷水和凝结核。过冷水指温度低于 0 ℃的水,但因水中没有凝结核而继续保持液体状态;凝结核是一种固、液或气态颗粒,该颗粒在过冷水中起凝结核心作用,使液态水相变成固态冰。当过冷水与凝结核相遇时便会产生液态水相变成固态冰的过程,即凝结。当凝结现象发生在飞机外表面时,即出现了飞机积冰现象。

天气条件是影响飞行积冰的首要条件,不同的天气条件直接影响飞行积冰是否产生以及产生积冰现象后的积冰类型、程度等问题。在天气条件中,云层中的液态水含量、过冷水滴有效直径、大气温度以及云层范围等是几个非常关键的因素。以往研究认为,飞机所遇积冰条件中,液态水含量一般在 0.5~2 克/米$^3$,过冷水滴有效直径通常小于 50 微米。

气温是影响飞机是否产生积冰现象的另一个决定性因素。研究表明,90%以上的飞机积冰现象都发生在−15～0 ℃，其中−2～−8 ℃是强烈积冰区，当大气温度更低时，积冰情况会逐渐减少，尤其是当环境温度低于−40 ℃时，此时云层中水滴基本已凝结成冰晶，发生积冰的概率十分有限((彩)图 7.1)。

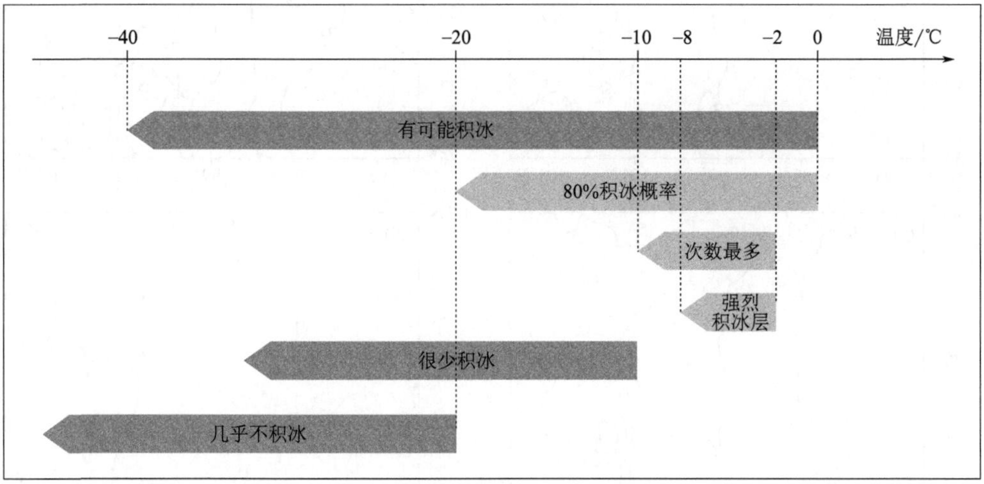


图 7.1　飞机积冰随温度变化图

云层范围指云层在水平方向的长度、宽度以及在垂直方向的厚度。云层范围对飞机积冰的影响主要体现在积冰过程的持续性。云层范围越大，飞机穿越云层所需要花费的时间越长，飞机外表面积冰过程所持续时间也越长，因此积累的积冰量越多。

另外，除天气条件之外，无人机其本身的一些特征也会对飞行积冰产生影响，如无人机挂载的人工增雨催化设备、大气探测设备的几何形状、无人机外表粗糙度以及飞行速度等因素均会对飞行积冰产生影响。

### 7.2.4　无人机防/除冰分析

(1)祁连山区最大含水量

利用 ERA5 多年再分析资料得到祁连山区总云量的气候分布特征，可以看到(图 7.2)，祁连山总云量春、夏季多，秋、冬季少，大多数测站总云量春、夏季在 60%～68%，秋、冬季在 40%～50%，春季和夏季总云量基本相当。低云量夏季最多，春季次之，再次是秋、冬季，低云量夏季在 20%～45%，春季在 10%～30%，祁连山区主体部分低云量夏季比春季高 16%左右。山区的地形条件是长期维持祁连山区云量多而稳定的主要原因。夏季祁连山主体部分的总云量比周围地区高近 10%，而低云量要比周围地区高 20%左右，这也是祁连山人工增雨条件相对其他地方优越的基础。

从甘肃境内的飞机探测数据来看，云中大粒子(含降水粒子)出现过的最大直径为 901 微米，均值为 611 微米，平均浓度 $1.1\times10^3$/米$^3$；小粒子(云滴)均值直径为 7.6 微米，平均浓度 $4.43\times10^7$/米$^3$；液态含水量的平均值为 0.053 克/米$^3$，出现过的

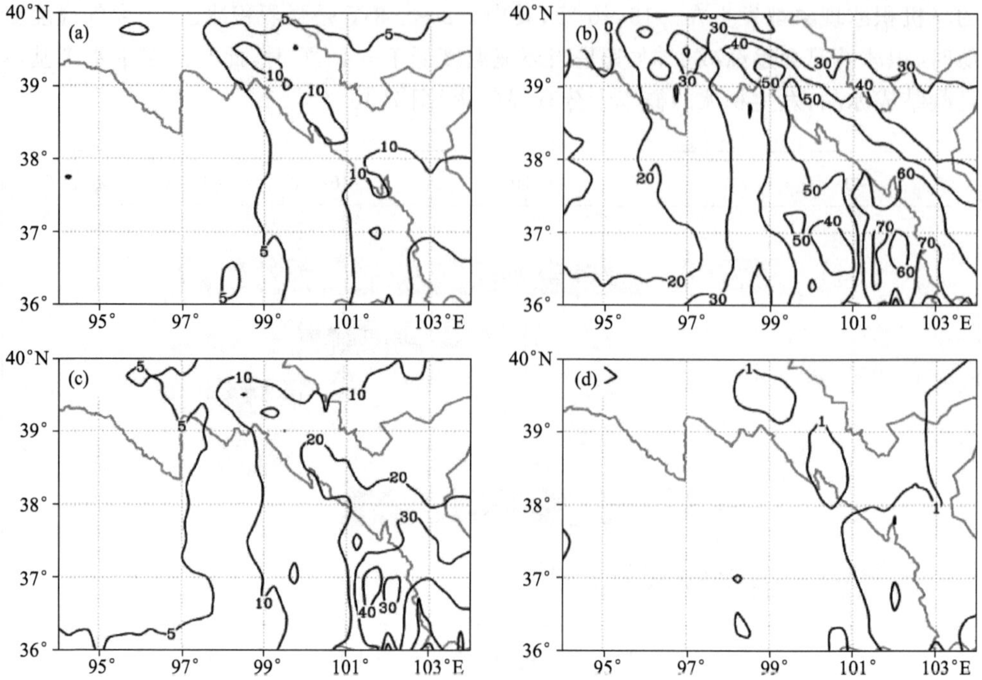


图 7.2　祁连山地区总云量(a)春季、(b)夏季、(c)秋季、(d)冬季(单位：克/米$^2$)

最大值为 0.17 克/米$^3$。

在一次探测飞行个例中，−5 ℃以下、相对湿度＞80%的区域积冰明显，并且飞机积冰出现在粒子总浓度和含水量较大区域，且雨滴浓度和平均直径的增大对积冰具有重要作用。探测飞行中云粒子浓度在 0.05～5.91 个/厘米$^3$，均值为 0.93 个/厘米$^3$；云中含水量均值为 0.0043 克/米$^3$，最大值为 0.0233 克/米$^3$，积冰区域出现在 6200 米以上。

(2)祁连山区最大过冷水

祁连山深居大陆腹地，远离海洋，受青藏高原地形影响作用，形成大陆温带干旱气候。影响祁连山区降雨主要有两支水汽输送带：一支在高层 5000 米左右，来自印度洋，穿过青藏高原往西北区输送的高原西南气流；一支在 3500 米左右，沿青藏高原边缘，穿过四川盆地直指河西走廊地区。这两支水汽输送带为处于青藏高原北缘的祁连山地区提供了大量的富含水云层，人工增雨潜力巨大。

东高西低的大气水汽分布形势是由东亚夏季风的扩展方向所决定的，南高北低的大气水汽分布形势是由南亚季风和高原季风的扩展方向所决定的。水汽含量的分布与地形分布有很好的对应关系，大气水汽含量空间总体变化明显呈现出由西北向东南逐渐增加的梯度趋势。水汽含量由西向东的增加趋势要比由北向南的增加趋势更强一些，说明对祁连山地区大气水汽贡献比较明显的是东亚季风、南亚季风和高原夏季风，西风带对祁连山大气水汽的贡献相对小一些。

祁连山南坡，云中液态水含量随高度升高而上升，在海拔 4300 米左右达到最大值，最高达 0.15 克/米$^3$ 之后随高度增加而下降；在北坡随高度下降一直呈下降趋势。如图 7.3 所示。

祁连山区云的总光学厚度和总云水路径均呈上升趋势，也就是说云的厚度和含水量总的变化趋势均是上升的，这有利于开展人工增雨作业。

在祁连山区开展飞机人工增雨作业，一般要求云水含量($Q_c$)>0.05 克/千克，冰晶数浓度<50 个/升时，才具备开展飞机人工增雨的基本条件；当云水含量 $Q_c$>0.1 克/千克，冰晶数浓度<20 个/升时，为优良的人工增雨条件。而此时空中云水含量丰富，最有可能发生飞机积冰现象。

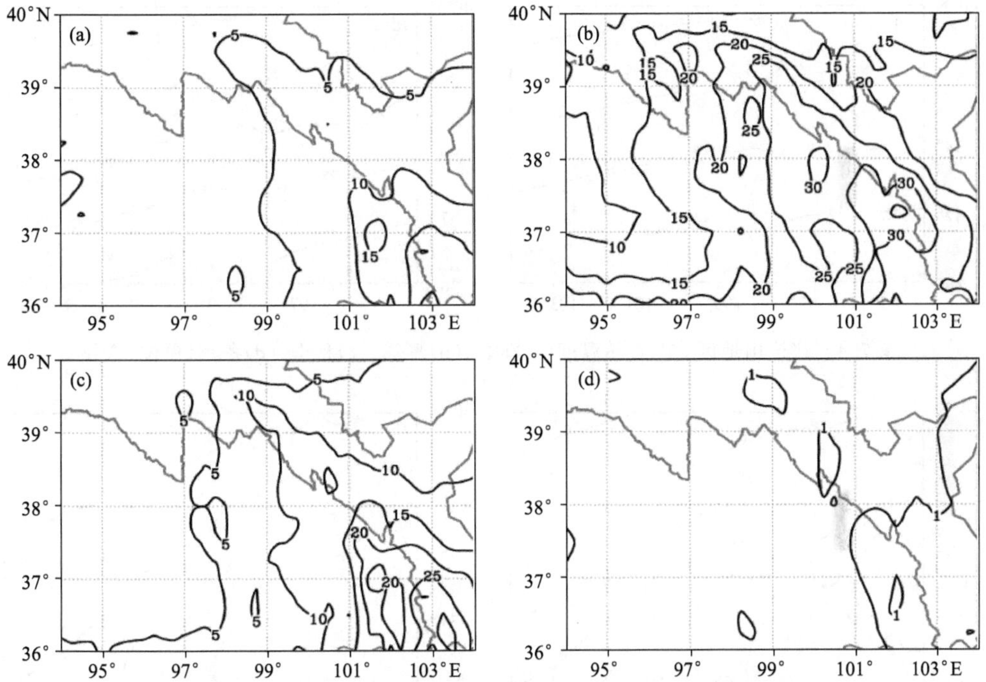


图 7.3　祁连山地区过冷液态水含量(a)春季、(b)夏季、(c)秋季、(d)冬季(单位:克/米$^2$)

(3)祁连山区高空气温分析

在 500 百帕高度上(海拔 5500 米左右)(图 7.4)，也是无人机增雨的高度，祁连山区春、夏、秋、冬季的气温分别为−17～−15 ℃、−7～−5 ℃、−16～−14 ℃、−25～−22 ℃。除冬季气温低于−20 ℃，不易发生飞机积冰外，其他季节均是容易发生飞机积冰的温度区间。尤其夏季−7～−5 ℃的温度区间最易发生飞机积冰现象。

在 600 百帕高度上(海拔 4000 米左右)(图 7.5)，是无人机增雨的常用飞行高度。祁连山区春、夏、秋、冬季的气温分别为−8～−4 ℃、2～5 ℃、−7～−4 ℃、−16～−12 ℃。除夏季气温高于 0 ℃，不易发生飞机积冰外，其他季节均是最易发生飞机积冰的温度区间。

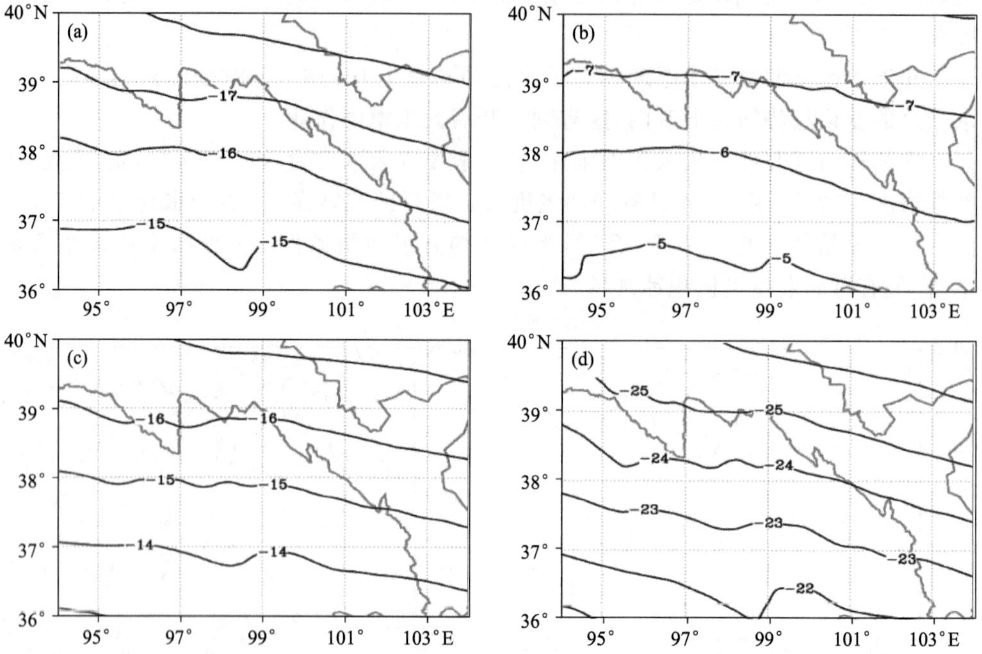


图 7.4　祁连山地区 500 百帕温度(a)春季、(b)夏季、(c)秋季、(d)冬季(单位：℃)

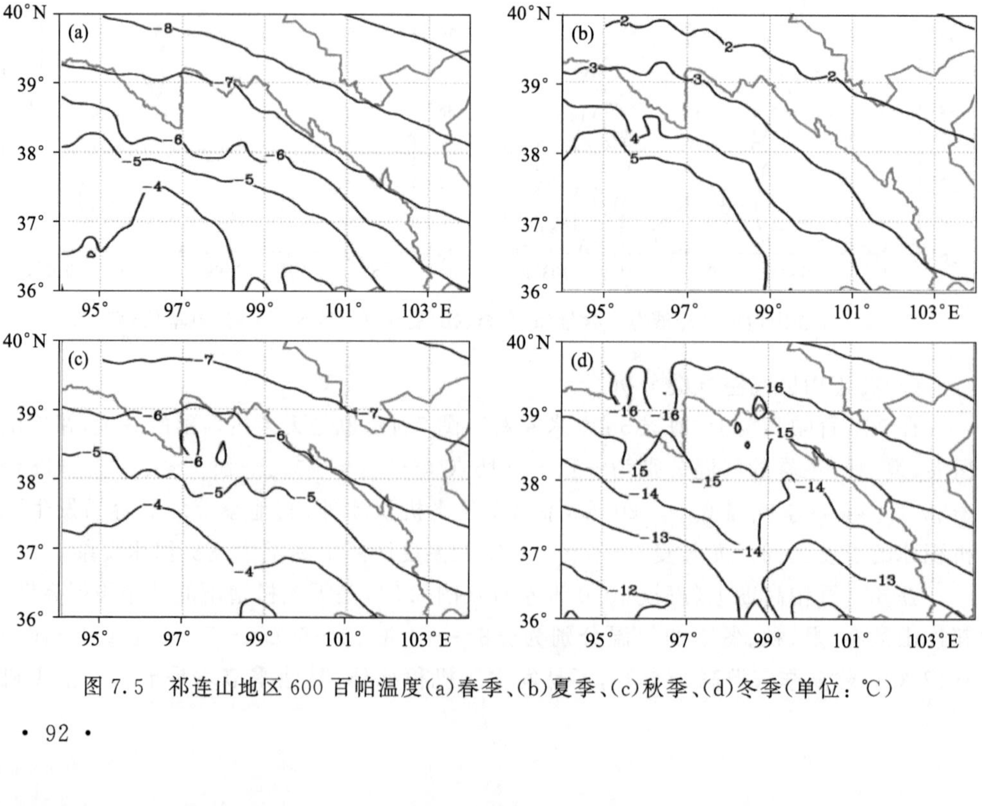


图 7.5　祁连山地区 600 百帕温度(a)春季、(b)夏季、(c)秋季、(d)冬季(单位：℃)

(4)祁连山区积冰指数分布

无人机人工增雨(雪)作业主要在层状云及层积混合云系中开展，所以选取积冰指数预报法开展判断。采用国际民航组织推荐的飞机积冰指数($I_C$)：

$$I_C = \frac{[(R_H - 50) \times 2] \times [T \times (T + 14) \div (-49)]}{10}$$

其中，$R_H$ 为相对湿度(%)，$T$ 为温度(℃)，当垂直速度 $w \leqslant -0.2$ 帕/秒时，积冰强度与积冰指数的关系如表 7.2 所示。

**表 7.2 积冰强度与 $I_C$ 对照表**

| $I_C$ 值 | 积冰强度 |
|---|---|
| $I_C<0$ | 无积冰 |
| $0\leqslant I_C<5$ | 轻度积冰 |
| $5\leqslant I_C<8$ | 中度积冰 |
| $I_C\geqslant 8$ | 重度积冰 |

对祁连山北坡甘肃地区探空温湿廓线及飞机积冰指数廓线进行分析可以看到(图 7.6)，甘肃河西地区积冰出现在 4000～7000 米，中心高度在 5000 米左右；河东地

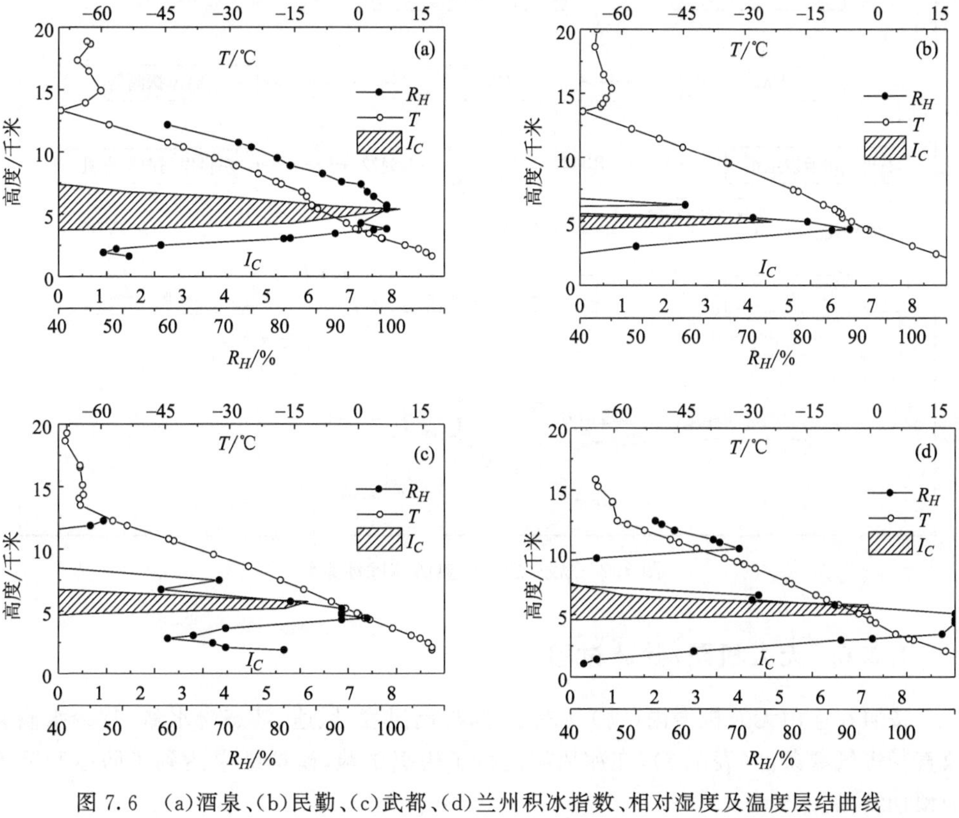


图 7.6 (a)酒泉、(b)民勤、(c)武都、(d)兰州积冰指数、相对湿度及温度层结曲线

区积冰出现在5000～7000米，中心高度在6000米左右。$I_C$分布图指明了飞机容易积冰的区域以及容易积冰的高度，明确了无人机人工增雨空中积冰的气象环境和条件，为大型无人机空中防/除冰系统的研发提供气象依据。

### 7.2.5 无人机防/除冰设计

通常情况下，飞行器均选择在气象条件较好的空域和航线飞行，而人工增雨（雪）作业需选择水汽条件充沛的大气环境，气象条件及航线设计也相对复杂，因此解决飞机防冰除冰技术难题尤为重要。无人机本身由于载荷有限，限制了大功率输出，而电热防冰因其操作简易、动力损失小、加热均匀、效果显著、响应较快，且对飞机气动性能影响较小，是目前使用最为广泛的防、除冰技术，因此，结合无人机自动控制的优越性，电热防/除冰是适用于无人机的一种重要的防冰除冰方法。为此，本试验在开展大型无人机积冰、防冰、除冰等相关研究的基础上，设计了大型无人机的电加热防冰除冰系统（图7.7），并在无人机人工增雨（雪）作业中实现业务化应用试验。

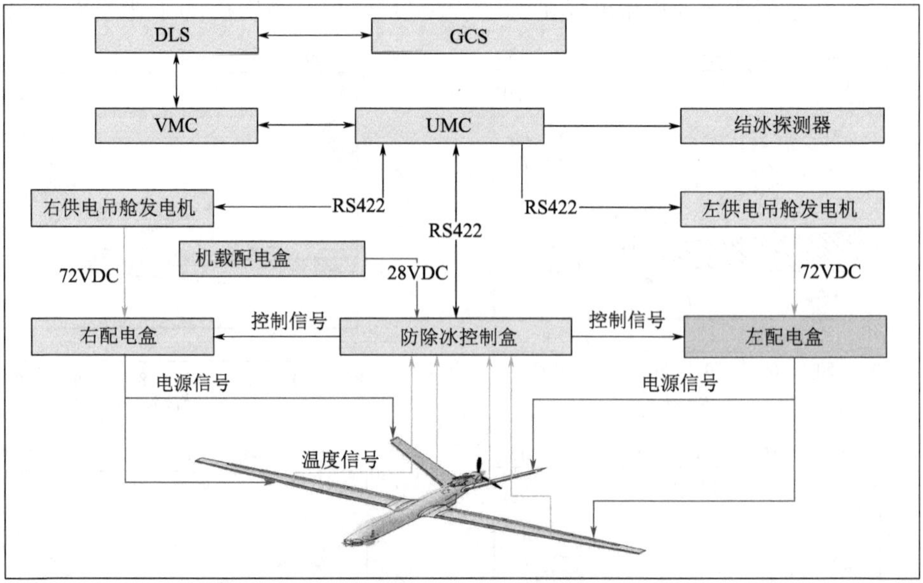


图7.7 无人机电加热防冰除冰系统

### 7.2.6 无人机防/除冰试验

按照祁连山无人机增雨（雪）气象条件，控制温度、风速、液态含水量、过冷水滴有效直径等气象条件（表7.3），在冰风洞进行了模拟试验，模拟结果达到了防冰和除冰的预期结果。

表 7.3　冰风洞防/除冰模拟试验数据

| 试验条件 | 试验段温度/℃ | 试验段风速/(米/秒) | 液态水含量/(克/米$^3$) | 过冷水滴有效直径/微米 |
|---|---|---|---|---|
| 1 | −10 | 70 | 0.2 | 15 |
| 2 | −20 | 70 | 0.2 | 15 |

在冰风洞试验取得成功后，大型无人机在祁连山区多次开展无人机增雨(雪)试验，飞行航线设计覆盖祁连山东段到西段、北坡到南坡，高度从 3000 米入云到 6000 米云顶，经历了高空大风区、低温区以及过冷水丰富区。2019 年 7 月 11 日 20 时祁连山区高空过冷水丰富，气象条件复杂((彩)图 7.8～图 7.9)，易发生积冰的区域大，5000～9000 米相对湿度>80%，存在深厚的过冷云层，CPEFS 模式预报的云水含量剖面中，在−20～0 ℃存在大量的过冷云水，容易造成飞机积冰。试验证明无人机电加热防冰除冰系统运行效果良好，满足设计要求。

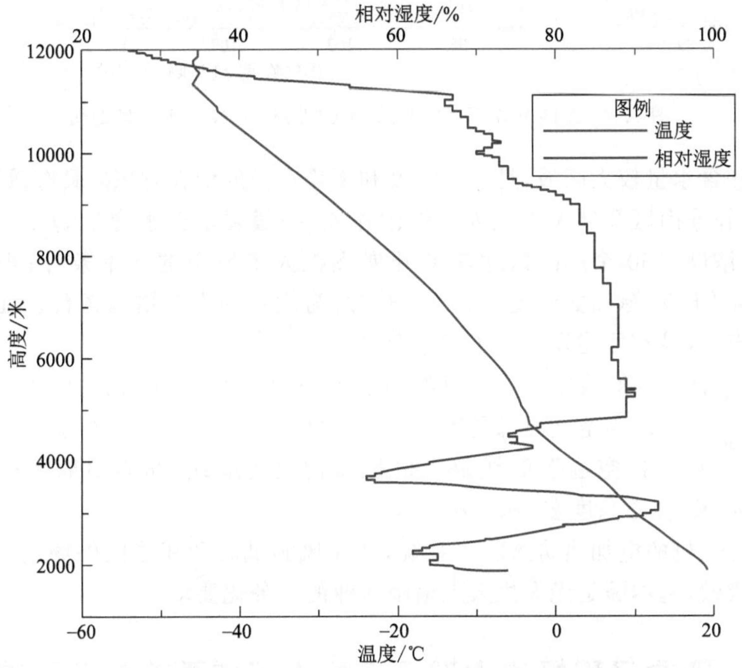


图 7.8　2019 年 7 月 11 日 20 时祁连山周边探空数据

### 7.2.7　无人机防/除冰研究成果

(1)大型无人机开展人工增雨(雪)作业，−8～−2 ℃是强烈积冰区，90%以上的飞机积冰现象都发生在−15～0 ℃。当环境温度低于−40 ℃时，发生积冰的概率十分有限。

(2)在−5 ℃以下、相对湿度>80%的区域积冰明显，并且无人机积冰出现在粒

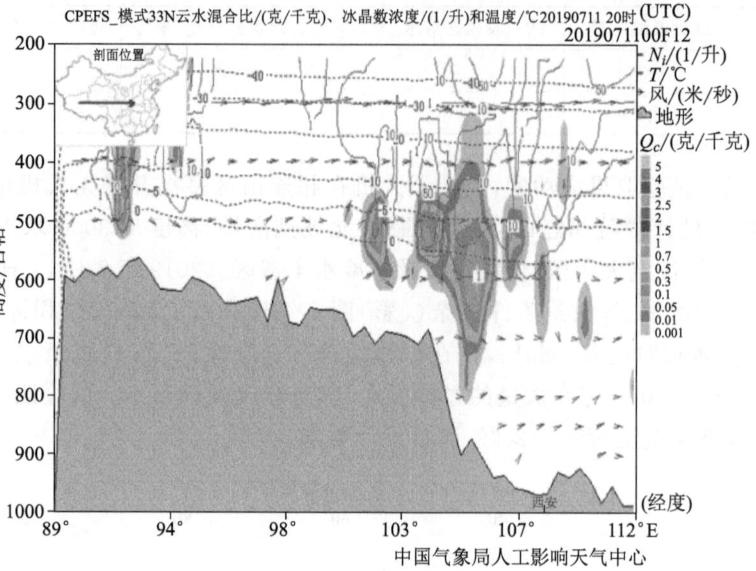


图 7.9 2019 年 7 月 11 日 20 时 CPEFS 35°N 云水含量剖面

子总浓度和含水量较大区域,且雨滴浓度和平均直径的增大对积冰具有重要作用。

(3)在祁连山区开展无人机人工增雨作业,一般要求云水含量 $Q_c>0.05$ 克/千克,冰晶数浓度<50 个/升时,才具备开展飞机人工增雨的基本条件;当云水含量 $Q_c>0.1$ 克/千克,冰晶数浓度<20 个/升时,为优良的人工增雨条件。而此时空中云水含量丰富,最有可能发生飞机积冰现象。

(4)在祁连山 500 百帕和 600 百帕高度上是无人机人工增雨的常见高度。祁连山区春、夏、秋、冬的高空气温都是容易发生飞机积冰现象的温度区间。

(5)分析计算探空温湿廓线及飞机积冰指数的廓线,祁连山地区积冰出现在 4000～7000 米,中心高度在 5000 米左右。

大型无人机的电加热防冰除冰系统,经冰风洞试验和祁连山外场业务试验都取得了显著成效,基本满足无人机人工增雨作业的业务化要求。

## 7.3 取得了积极的大型无人机人工增雨的社会影响

2020 年 11 月 15—16 日,无人机人工增雨试验领导小组组织召开无人机人工影响天气工程项目技术鉴定会。甘肃省气象局汇报了《无人机人工影响天气工程项目祁连山人工增雨试验情况进展》,对无人机增雨作业给出了初步效果评估。此次会议上,专家组一致认为,甘霖-Ⅰ无人机人工影响天气系统满足人影作业需求,通过技术状态审查。

甘霖-Ⅰ无人机人工影响天气试验取得了初步成功,甘肃省委副书记、省长任振鹤批示："好事！紧抓、抓紧。感谢国家局的大力帮助和支持！"时任中国气象局余勇副局长批示："祝贺甘肃省无人机祁连山人工增雨试验顺利开展并取得阶段性成果！试验中积累的经验和发现的问题非常珍贵。"甘肃省副省长李沛兴批示："继续加强人影工作组织协调力度，促进气象事业高质量发展。"

2021 年 1 月 6 日，由中国气象局和甘肃省人民政府在甘肃金昌联合举办"甘霖-Ⅰ"人工影响天气无人机首飞仪式。甘肃省委副书记、省长任振鹤，航空工业党组副书记、总经理罗荣怀，时任中国气象局副局长余勇，甘肃省军区司令员王文清，航空工业党组成员、副总经理杨伟，甘肃省政府秘书长李志勋等出席。气象局、民航局等政府有关部门及有关单位，甘肃省地方政府，航空工业有关部门和所属单位领导等参加。

"甘霖-Ⅰ"人工影响天气无人机首飞取得成功。中央电视台、人民日报、中国气象报等媒体以及国外媒体对该活动进行了深入报道（图 7.10）。

人民日报
RENMIN RIBAO
2020年业务量达830亿件，2021年预计达955亿件
快递跑出经济活力
人工影响天气无人机首飞成功
中国气象报
China Meteorological News
总第5037期
人工影响天气无人机"甘霖-Ⅰ"首飞成功
培养打造新时代气象人才
首批气象高层次科技创新人才计划入选名单公布

图 7.10　"甘霖-I"首飞成功后部分媒体的报道

# 第8章　无人机人工增雨业务规程探索

从2018年开始到2022年，甘肃省人工影响天气办公室经过无人机调研、技术论证、方案制定、无人机选型、集成改装、科研试验、外场试验、业务化试验、技术鉴定、效果评估等环节的验证，初步探索形成了机载设备设计、指挥体系设计、作业规程设计等方面的一些业务规程和成果。

甘肃省市场监管局组织项目申报和专家论证，2022年8月22日，《甘肃省气象局关于下达2023年气象地方标准编制项目计划的通知》，把甘肃省人工影响天气办公室申报的《大型无人机人工增雨(雪)作业规程》列为甘肃地方标准制定计划项目。

## 8.1　固定翼无人机人工增雨机载催化设备技术要求

### 8.1.1　术语和定义

《人工影响天气作业术语》(QX/T 151—2012)界定的以及下列术语和定义适用于本文件。《无人驾驶航空器系列术语》(GB/T 38152—2019)规定的基础术语内容，部分适用于本文件。《螺旋桨式飞机机载焰剂型人工增雨催化作业装备技术要求》(QX/T 473—2019)规定的术语和定义内容，部分适用于本文件。

(1)固定翼增雨无人机。用于实施人工增雨(雪)作业的，由控制站(包括远程操纵或自主飞行)的，由动力装置产生推力或拉力，由机身固定机翼产生升力，在大气层内飞行的重于空气的无人驾驶航空器。

(2)转接梁。用于连接机翼和设备吊舱，转接梁在飞机上起一个承上启下的作用，上边与飞机机身上固定的连接位置连接，下边与挂载设备连接。

(3)播撒吊舱。安装在两边机翼下，用于固定和安装焰条，是播撒催化剂的装置。

(4)地面测发控软件。测发控软件安装于无人机地面站计算机上，主要用于发送测发控命令以及焰条状态的显示。

(5)点火控制器。点火控制器主要用于焰条测发控和系统通信，安装于转接梁内。

### 8.1.2　技术要求

机载催化设备包括播撒吊舱、焰条、点火控制器(含线缆)和地面测发控软件。播撒吊舱(含焰条)安装在两边机翼下，点火控制器安装于机舱内，由无人机供电，通过电缆和播撒吊舱连接。地面测发控软件安装于无人机地面指挥站计算机上，集成于无人机系统中，借助无人机天地链路和机上点火控制器进行通信。

(1)总体要求。机载催化设备生产应符合 GB/T9001 或 GJB9001 的要求。增雨无人机机载催化设备应符合民用航空适航标准。应通过软、硬件测试。应从结构和电子结构上保证连接器的正确连接。

(2)催化设备技术要求。机载催化设备应具备下列功能：①稳固固定焰条；②识别和检测焰条；③地面测发控软件通过无人机天地链路向机上点火控制系统发送检测和点火命令，点火控制系统通过线缆向焰条播撒吊舱中焰条提供点火能量，使焰条点燃播撒；④点火控制系统将执行结果通过天地链路再反馈给地面测发控软件上。

(3)使用寿命。使用寿命应不小于 8 年或不少于 2000 飞行小时。

(4)使用环境。①使用温度：－40～＋70 ℃；②相对湿度：0％～100％；③通过淋雨测试。

(5)播撒吊舱。应采用航空铝合金、复合材料等制造；外形应符合气动性能设计；重量满足无人机载重要求；搭载焰条数量根据重量和无人机续航时间确定，单边应不少于 10 根；与转结梁连接应稳固可靠；结构强度、刚度应满足飞机动载要求；应通过标准载荷插头和转接线缆与转结梁连接。如图 8.1 所示。

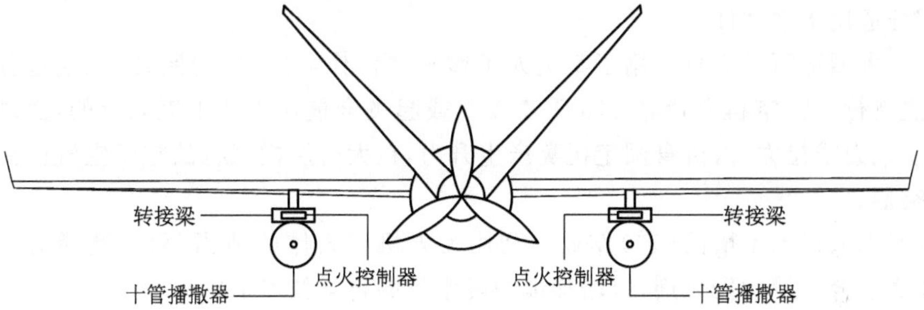


图 8.1　无人机挂载焰条播撒吊舱示意图

(6)转接梁。外形不影响无人机气动性能；内部采用隔框式结构，强度刚度高，满足大载荷挂载设备的挂载；转接梁和载荷的重心均应位于无人机重心前后限内；转接梁与机载催化设备(柱状结构)连接时，还需要设计防摆止动装置；应进行强度分析，以 MJ10×1.25 高强度螺栓连接时，应满足最小理论破坏拉力 58.62 kN，最小破坏剪切力 84.82 kN。

(7)点火控制器。供电电压：DC28 伏；供电电流：≥3 安；通信方式：RS422；波特率：9600 bps；点火控制系统安装在机翼下方转接梁内，主要用于焰条测发控和系统通信；点火控制系统和无人机通过通信线和电源线连接。

(8)地面测发控软件。测发控软件安装于无人机地面站计算机上，主要用于发送测发控命令以及焰条状态的显示；测发控软件与无人机地面站控制软件采用 UDP 组播方式进行通信，双方分别使用一个 D 类地址及端口以实现数据交互；焰条播撒测发控软件布置机载点火控制相关指令，控制焰条检测和点火播撒，并显示焰条工作状态；应能对各种操作及操作是否成功进行记录并保存。

(9)线缆和连接器。从点火控制系统到飞机挂点的转接线缆，线缆内部将联锁信号进行短接，其余针脚依据转接梁电连接器 J599G/26WJ20ZNC1 定义进行制作；播撒吊舱借用机上从 K、H 针 1553B 总线进行信号传输，并由两路直流电为焰条播撒吊舱提供点火电源。

(10)维护保障。转接梁与无人机机翼连接的螺栓、转接梁与机载催化设备连接使用的标准件都属于关键连接件，需要定期作探伤检测；无人机处于非工作状态时，要及时拆除挂载设备，以提高使用寿命。

## 8.2 大型无人机人工增雨(雪)作业规程

### 8.2.1 术语和定义

《人工影响天气作业术语》(QX/T 151)界定的以及下列术语和定义适用于本文件。《飞机人工增雨(雪)作业宏观记录规范》(QX/T 421—2018)规定的宏观记录内容，部分适用于本文件。

(1)大型增雨无人机。用于实施人工增雨(雪)作业的，由控制站(包括远程操纵或自主飞行)的，空机重量在 116 千克以上或起飞全重在 150 千克以上的，由动力装置产生推力或拉力，由机身固定机翼产生升力，在大气层内飞行的重于空气的无人驾驶航空器。

(2)无人机人工增雨(雪)作业。利用无人机在云体的适当部位，选择适当的时机，播撒适合适量的催化剂，以增加地面降水量的科学技术措施。

(3)无人机增雨(雪)任务指令。由无人机地面控制站根据《无人机增雨(雪)作业方案》制定，用于指导无人机系统各专业人员制定用于申请作业空域的飞行计划、完成无人机任务演练(程序操作)以及完成无人机系统准备等工作之用。

(4)增雨(任务)载荷操作员。与无人机系统驾驶员(以下简称驾驶员)相配合，在飞行期间适时操纵增雨(雪)任务载荷的人员(以下简称操作员)。

(5)无人机增雨(雪)作业监控记录。在无人机增雨(雪)作业过程中，通过对监控摄像机或者机头广角云宏观成像仪回传的视频画面的观看，以及无人机系统的飞行数据的查看，记录无人机飞行、作业和云宏观观测信息。

(6)无人机监控雨线。通过对监控摄像机或者机头广角云宏观成像仪回传的视频画面的观看，记录视频画面中的或者机身上出现的水丝和程度(轻度、中度和重度)。

### 8.2.2 无人机增雨(雪)作业指挥体系构建

规定省人影办—无人机地面控制站的两级指挥体系，根据个别地区，可以建立省级指挥大厅—省人影办—无人机地面控制站的三级指挥体系。明确指挥体系中各级部门的职责分工。

大型增雨无人机必须搭载航管应答机、ADS-B 广播式自动相关监视设备、甚高频无线电中继通信等设备，以便空管部门随时掌握无人机位置、高度、航向、速度等要素，并指挥完成规定动作或避让其他航空器。

(1)人影作业指挥中心。负责无人机增雨(雪)作业任务的提出；制定无人机增雨(雪)任务的相应作业计划、预案和方案；对人工增雨(雪)作业条件进行实时分析与修订航线等。

(2)无人机地面控制站。根据人影作业指挥中心提出的作业任务性质，准备作业无人机；根据作业计划制定无人机增雨(雪)任务指令和飞行计划，完成无人机任务演练；直接控制无人机执行增雨(雪)作业任务。

(3)省级指挥大厅。用于地方政府领导、军民航领导、应急指挥人员指导观看人影应急保障作业。

### 8.2.3　制订无人机增雨(雪)作业计划(预案、方案)

(1)无人机增雨(雪)72 小时作业计划。人影作业指挥中心结合近期干旱监测结果和人影需求，根据短期天气预报结论，制定《无人机增雨(雪)72 小时作业计划》，内容包括影响系统的天气类型、演变趋势，无人机作业时段、作业区域、作业需求等。

(2)无人机增雨(雪)作业潜力预报和 24 小时作业预案。人影作业指挥中心利用卫星、雷达、常规气象观测等实况监测，结合本省作业概念模型和指标，制定《无人机增雨(雪)作业潜力预报和 24 小时作业预案》，内容包括影响云系的性质、结构、演变和潜力区分，无人机作业云系类型、作业区域、作业对象、作业时段、作业部位、催化方式等。

(3)无人机增雨(雪)作业方案。人影作业指挥中心结合临近监测实况资料，在拟实施无人机增雨(雪)作业 3 小时前，制定《无人机增雨(雪)作业方案》，内容包括无人机增雨(雪)作业云系性质和结构、作业时段、作业区域、作业对象、作业部位、催化方式、飞行航线等。

(4)无人机增雨(雪)作业航线设计。空间几何坐标系采用 WGS-84 坐标系，时间系统采用 UTC(协调世界时)时间。如果事先了解电子围栏数据，首先考虑空域属性是否可以申请为开放，其次考虑避开禁飞区。首次飞行的航线应适当增加安全裕度，确保安全后方可按照正常作业安全距离开展作业。进行同类作业飞行时，应在保障安全的前提下，优先调用历史航线。对于可移动的地面控制站，为最大化地满足增雨(雪)航线的飞行操控，在制订无人机增雨(雪)作业计划(预案、方案)时，应考虑地面控制站的场地选取。对于固定的地面控制站，在设计增雨(雪)航线时应考虑无人机的操控范围。

### 8.2.4 作业组织与实施

(1)拟定无人机增雨(雪)作业任务指令。规定了在《无人机增雨(雪)作业方案》下达至无人机地面控制站后,根据作业任务要求拟定任务指令的内容,并且完成演练(程序操作)。同时,人影作业人员完成机载催化作业设备和大气探测设备的飞行前检查准备,包括催化剂焰条装填、大气探测设备外观检查、窗口清洁、各设备通信测试等。无人机系统各专业人员根据任务指令完成无人机系统准备。

(2)空域与飞行计划申请。常备计划申请规定了全年实施无人机增雨(雪)作业的实施单位、计划起止时间、作业无人机机型、无人机编号、飞行任务等;飞行计划申请是实施作业前,根据《无人机增雨(雪)作业方案》中作业任务的性质和要求,向相关管制部门提交飞行计划申请,内容包括作业无人机机型、无人机编号、无人机系统的机长姓名、飞行任务(目的)、机组天气标准、无人机系统驾驶员情况、作业目标区范围(以某某区号或者经纬度范围给出)、进出作业区的航线、高度、作业区内飞行航线、飞行高度、预计起飞时间、预计返回本场时间、拟定的备降机场和应急返场航线、高度等内容。

(3)飞行计划变更。因空域原因原定飞行计划不能实施时,应及时撤销,重新根据增雨(雪)作业天气形势制订无人机增雨(雪)作业计划(预案、方案),修订飞行计划,并在得到空管部门许可后执行。

(4)应急处置预案。无人机系统的机长和驾驶员,应对无人机增雨(雪)作业制定应急处置预案,并固定应急处置预案的内容,以及一旦发生异常情况的处置方法等。应急处置预案内容须包括且不局限于无人机性能参数、无人机操作与控制安全评估、无人机飞行的气象限制条件、恶劣天气条件下应急处置、起落架系统故障应急处置、电气系统故障应急处置、遥测系统故障应急处置、导航与定位系统应急处置、动力系统应急处置、信息安全、迫降及冲出跑道的应急处置、无人机空中飞行安全距离、无人机防撞分析与应急处置等。

(5)作业实施起飞。无人机系统各岗位人员按程序进行无人机机库外检查、起飞点检查,听从航管安排按计划完成起飞、爬升等动作,起飞过程中,通过数据链实时下传机头广角云宏观成像仪视频;起飞过程中,机载大气探测和催化作业系统各设备均不开机工作,人影作业人员详细记录各机载设备的状态情况。

(6)作业飞行。进入作业区前,控制站的任务载荷操作员启动合成孔径雷达(SAR,在人影作业中主要用于云团的气象探测)或相关遥感探测设备,根据《无人机增雨(雪)作业方案》进行针对性的气象探测,确认合适的目标区。根据实际气象探测情况与人影指挥人员进行在线任务规划修正,前往修正后的作业区。控制站的任务载荷操作员择机关闭合成孔径雷达(即 SAR 雷达,在人影作业中主要用于云团的气象探测)或相关遥感探测设备,并且在进入作业区云层前启动电加热防/除冰装置、大气探测设备。进入作业区后,将画面由机头广角云宏观成像仪切至监控摄像机,任务载荷操作员开始对该区域云层的宏微观特征量等进行探测，通过数据链实时下传大气探测信息，入云期间严格监控无人机结冰情况。人影指挥人员根据实时下传的大气探测信息确认作业云层满足人工增雨(雪)作业条件时，通知控制站任务载荷操作员启动机载催化作业系统，按规划好的作业航线进行催化剂的播撒作业。在探测和播撒作业过程中，通过监控摄像机随时观察无人机结冰探测装置，在结冰速率超出规定指标后，立即通知航管并尽快下降飞行高度，脱离空中结冰区域。无人机系统各岗位人员应按照无人机作业飞行相关技术规范时刻关注无人机及任务载荷的工作状态，并关注作业区域无人机围栏相关限制信息，做好应急干预准备。全过程中，人影作业人员详细记录监控画面内的云雨等宏观信息和各机载设备的启动/关闭时间，以及工作状态等信息。

(7)返航和降落。根据无人机燃料剩余情况和催化剂剩余情况，灵活安排执行任务或返航。无人机返航，脱离作业云区后，电加热防/除冰装置、探测设备和播撒设备关机停止工作，无人机摄像机画面由后视输入切回至前视输入机头广角云宏观成像仪。无人机系统各岗位人员应按照无人机作业飞行相关技术规范时刻关注无人机及任务载荷的工作状态，并关注作业区域无人机围栏相关限制信息，做好应急干预准备。降落期间，无人机系统各岗位人员应密切关注无人机飞行状态，做好人工接管准备，必要时切换手动降落。全过程中，人影作业人员详细记录监控画面内的云雨等宏观信息和各机载设备的启动/关闭时间，以及工作状态等信息。

### 8.2.5　作业后的工作

飞机着陆后，机务人员卸载任务数据提供相关专业数据分析，按要求进行常规机务维护；作业人员检查机载催化作业设备和大气探测设备外观、拆卸催化焰条、清洁大气探测设备窗口。

(1)作业信息收集。作业结束后 3 小时内，省人影办收集汇总本次无人机增雨(雪)作业信息存档并上报。

(2)作业效果评估。作业结束后 48 小时内，分析作业的合理性、目标区和对比区作业前后降水宏微观特征量的动态变化，得出基于多物理参量区域动态对比变化率，结合区域对比分析和区域历史回归等方法对本次无人机增雨(雪)作业效果进行评估。对效果评估进行月度、季度和年度评估总结，按要求逐层汇报相关部门。

(3)作业资料档案的整理与移交。对无人机增雨(雪)作业所涉及的空域审批文件、飞机检查记录、飞机监控记录、作业宏观记录、航线信息等进行整理并归档。

### 8.2.6　无人机增雨(雪)作业监控记录

对无人机增雨(雪)作业监控记录的内容、记录方法和记录形式等进行规定。

(1)基础信息记录内容。包括空域申请与批复时间、起降机场和备降机场的名称、本场天气实况、作业飞行区域代码、无人机机型、机号、飞行操作人员、载荷操作人员、作业记录人员、指挥人员、作业人员、无人机机载设备的开机和关机时间、运行情况等工作状态等各类信息。

(2)飞行内容记录。包括无人机起飞、上升、平飞、转弯、下降、着陆信息及对应的时间、经纬度和高度等,播撒作业的起止时间,催化剂用量,空中限制区、电子围栏信息等。

(3)记录方法。通常情况下,每隔10分钟记录一次飞机所在位置对应的气温、气压、云内外位置、云的性质、云雨情况、飞机结冰、机载探测设备的运行情况;遇特殊情况,应随时记录;

(4)记录形式。记录形式包括表格记录。图形图像记录,通过无人机操控人员采集并保存飞行过程中相关的图形图像资料;音频视频资料可以作为记录的补充方式等;对无人机增雨(雪)作业所使用的图、表等内容的设计进行规定;制作无人机增雨(雪)作业规程流程图(图8.2)。

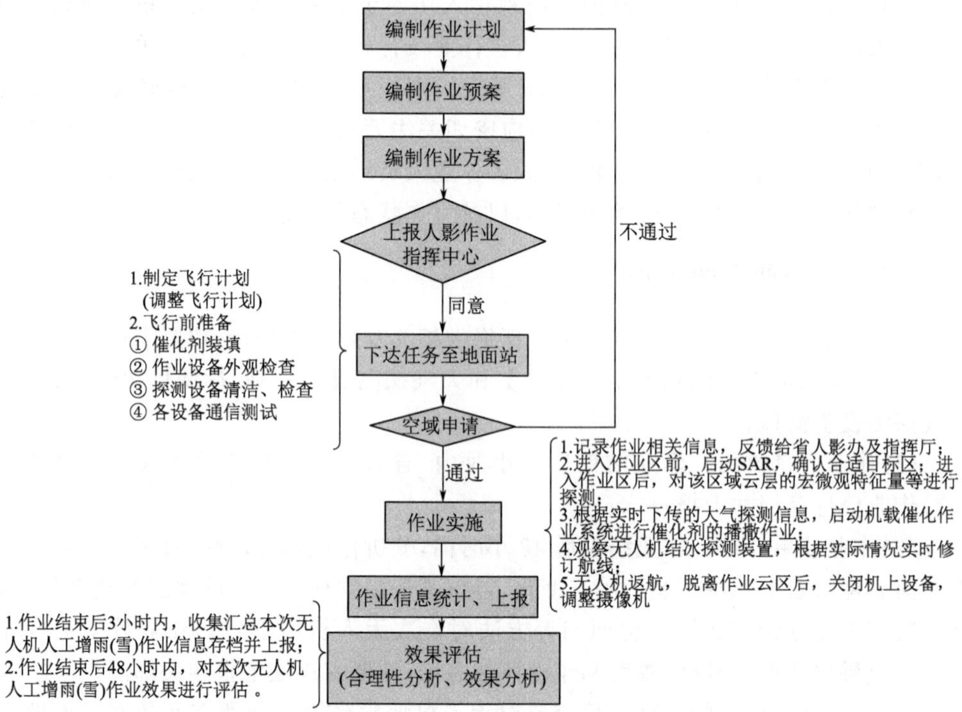


图8.2 大型无人机人工增雨(雪)作业规程流程图

# 参考资料

国家市场监督管理总局,中国国家标准化管理委员会,2018. 民用无人驾驶航空器系统分类及分级:GB/T 35018—2018[S]. 北京:全国航空器标准化技术委员会.

国家市场监督管理总局、中国国家标准化管理委员会，2019. 无人驾驶航空器系统术语：GB/T 38152—2019[S]. 北京：全国航空器标准化技术委员会.

中国民用航空局，2017. 无人机围栏 MH/T 2008—2017[S]. 北京：中国民航技术科学研究院.

中国民用航空局，2018. 无人驾驶航空器系统作业飞行技术规范：MH/T 1069—2018[S]. 北京：中国民航科学技术研究院.

中国气象局，2012. 人工影响天气作业术语：QX/T 151—2012[S]. 北京：气象出版社.

中国气象局，2012. 螺旋桨式飞机机载焰剂型人工增雨催化作业装备技术要求：QX/T 473—2019[S]. 北京：气象出版社.

中国气象局，2018. 飞机人工增雨(雪)作业宏观记录规范：QX/T 421—2018[S]. 北京：气象出版社.

# 第9章　无人机人工增雨业务指挥系统

近年来,我国人工影响天气工作已经由应急被动服务,发展成服务于社会的常规业务。各地根据自身条件先后开发了适合当地的人工影响天气业务系统,并在人影业务中发挥了重要作用。这些系统在业务流程设计、信息采集与传输、信息显示与综合分析方面具有较好的应用。建立甘肃省人工影响天气无人机业务指挥系统,便于人影作业对地形的选择,实现精准高效作业,同时可进一步呈现无人机航线的三维场景,开展作业效果评估。

## 9.1　指挥系统功能需求分析

### 9.1.1　功能需求描述

(1)实现空间GIS(地理信息系统)平台构建研究区域空间仿真地理场景;实现研究区域影响、地形、地图以及模型等数据加载;实现无人机模型、航迹、历史作业信息;包含基础地理信息和高分遥感影像数据和必备的操作功能(漫游、缩放、测距)。

(2)基础空间库:包括甘肃省遥感影像电子地图、甘肃省行政区划等,见表9.1。

**表9.1　无人机指挥系统基础空间库内容**

| 序号 | 内容 | 用途 | 详细描述 | 备注 |
|---|---|---|---|---|
| 1 | 甘肃省遥感影像电子地图 | 用于地图底图 | 或使用国家地理信息公共服务平台-天地图提供的服务 | |
| 3 | 甘肃省行政区划 | 用于人影标识行政区划 | 数据源天地图提供服务 | |

(3)雷达观测资料、卫星云图数据。

(4)人影信息数据:包括飞行数据;人影作业点空间库;飞机场地理位置、无人机飞行航线;人影作业属性库;无人机作业信息。

(5)系统管理库:登录用户、操作权限。

(6)系统其他需求描述。基于B/S架构的三维一体化GIS平台,部署在气象专网中。配置GTX游戏级系列显卡、i7以上处理器、8G以上内存、1T以上存储空间服务器。基于MySQL实现气象监测、人影作业等所有数据的统一入库管理,实现所有数据的结构式存储管理。

## 9.2 指挥系统技术方案

### 9.2.1 设计原则

系统建设总体原则是,系统建设遵循甘肃省气象信息系统及人影行动计划建设的标准及规定,以气象平台业务需求为导向,在建设过程要遵循以下原则:

(1)整合利用现有资源,统一设计,分步实施

在项目建设中要整合、利用现有资源,统筹规划,统一设计,分步实施。尽可能利用已有、在建和将建项目的相关资源,使本项目既成为一个完整的系统,又与相关项目有机结合,避免重复建设。

(2)技术先进,系统开放,功能实用

项目建设采用先进的设计思想和开放的体系结构,力争做到技术先进、系统开放,设计过程中始终以开放性和兼容性为设计原则,根据实际需求确定项目各项功能,以满足实际需求为最终目的。

(3)安全可靠,性能稳定

系统采用用户名密码绑定的方式,确保系统安全可靠。系统采用先进的设计理念,保证系统性能稳定,能够满足24小时不间断业务运行要求。

(4)软硬并重,注重应用

不但重视系统的硬件配置,更要着重加强相关应用软件系统的研发;应用软件系统是整个项目发挥效益的关键所在。要重视应用软件的研发质量,以满足系统的应用需求。

(5)统一标准,量化规范,方便扩充

对所管理的信息在管理方式、格式及质量等方面制定标准规范并在项目建设过程中认真遵循,使本系统能够随着业务量的变化方便地扩展和升级,保证系统的可持续发展。所有技术和设备都要遵循现有标准或行业规范,不同厂家设备尽可能通过统一标准相互兼容。

### 9.2.2 设计思路

(1)实现气象空间数据与气象基础数据整合

通过行政区划代码,使地理数据库中空间字段与气象基础数据关联,实现整合。

(2)建立一个完善的核心数据库

系统数据库可分为空间数据、气象数据、人影数据及系统数据,共同构成系统的核心数据库。

(3)实现气象信息基于地理信息的融合集成

系统集成专业气象信息(雷达产品资料),充分考虑位置信息在人影作业仿真展

示中的作用与影响。

(4)提供专题服务

基于轻量级 GIS 平台,结合气象专题数据库、气象基础数据库和人影数据库。

## 9.3 指挥系统总体架构

本系统是一项复杂的综合集成的计算机信息系统,其涉及软硬件环境、信息资源、技术等组成要素,关键是通过气象信息服务提供应用与服务。此系统的建设实施包括信息化基础设施、数据库层、服务平台、用户应用系统等几个部分组成,采用分层划分的模式,各层相互独立又互为支撑,其体系结构如图 9.1 所示。

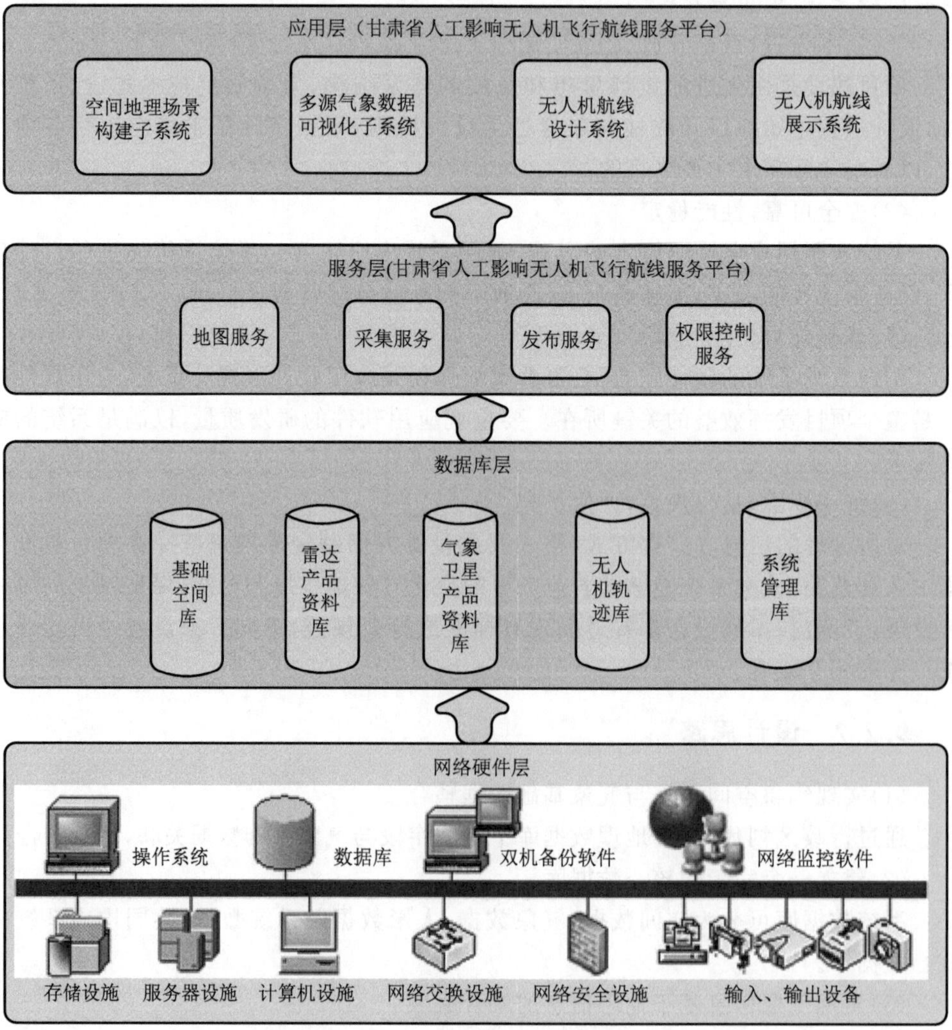


图 9.1 指挥系统总体架构

## 9.4　无人机增雨飞行航线服务平台

甘肃省人工影响天气无人机飞行航线服务平台以后台服务的形式提供包括地图服务、采集服务、发布服务、权限控制服务(图 9.2)。

(1)地图服务

建设如下常用的地图服务,通过标准 OGC 服务接口的形式接入系统:①矢量电子底图服务;②影像电子底图服务;③甘肃省行政区划。

(2)采集服务

通过接口形式采集气象数据、人影数据。

(3)发布服务

对气象数据图层的发布。

(4)权限控制服务

① 用户管理:提供用户添加、删除、修改、分组服务。

② 权限服务:针对不同用户或部门,可以分配不同权限和菜单访问功能。

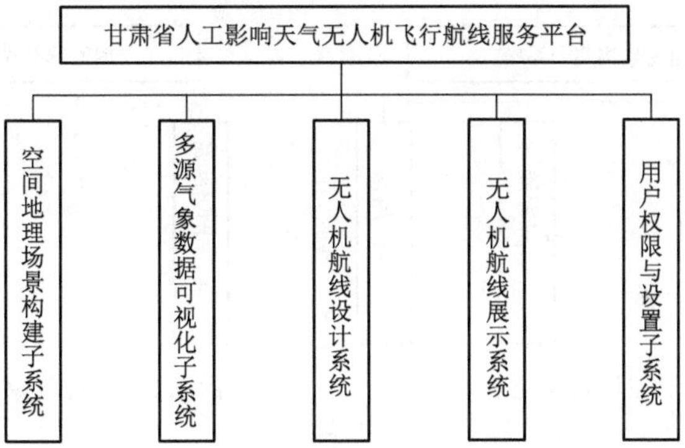


图 9.2　无人机飞行航线服务平台结构

### 9.4.1　无人机飞行航线服务平台功能设计

在建设甘肃省人工影响天气无人机飞行航线服务平台功能空间数据库的基础上,面向管理员和使用用户建设如下子系统:空间地理场景构建子系统、多源气象数据可视化子系统、无人机航线设计系统、无人机飞行展示系统。

(1)空间地理场景构建子系统

空间地理场景构建子系统通过构建带有三维基础地理信息的空间地图窗口,构建空间 GIS 平台研究区域空间仿真地理场景,实现研究区域影像、地图以及模型等数据加载、切换、展示。集成地图缩放、漫游飞行、构建空间 GIS 平台研究区域空间仿真地理场景,实现地图以及模型等数据加载,为其他子系统提供基础地图场景支撑(图 9.3)。

图 9.3　空间地理场景

系统界面集成地图缩放(放大、缩小、平移操作)等功能。

(2)多源气象数据可视化子系统

多源气象数据可视化子系统以实时数据融合方式通过可视化展示多源观测资料，包括常规气象资料(卫星云图、天气雷达)的显示，功能结构如图 9.4、图 9.5 所示。

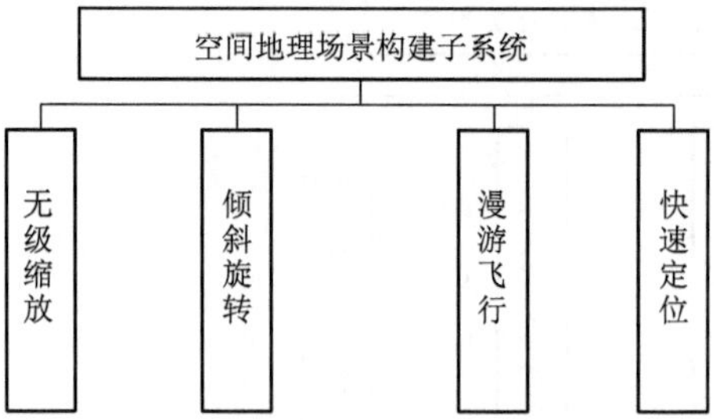


图 9.4　空间地理场景构建子系统

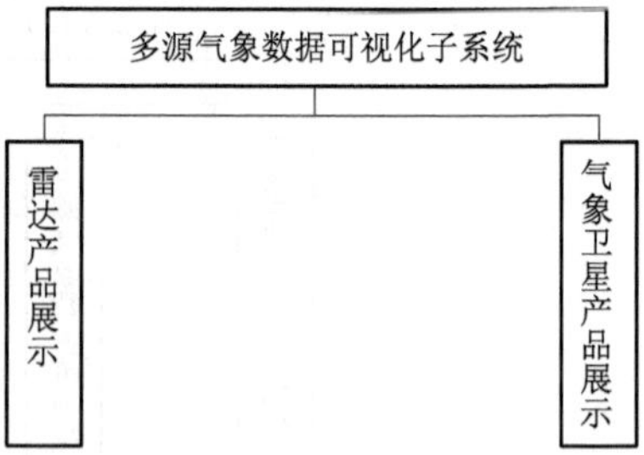


图 9.5　多源气象数据可视化子系统

① 雷达产品展示:在人影三维可视化系统界面上展示雷达产品(图 9.6)。

图 9.6　雷达三维状态展示

② 气象卫星产品资料：在系统界面上展示气象卫星产品资料(图 9.7)。

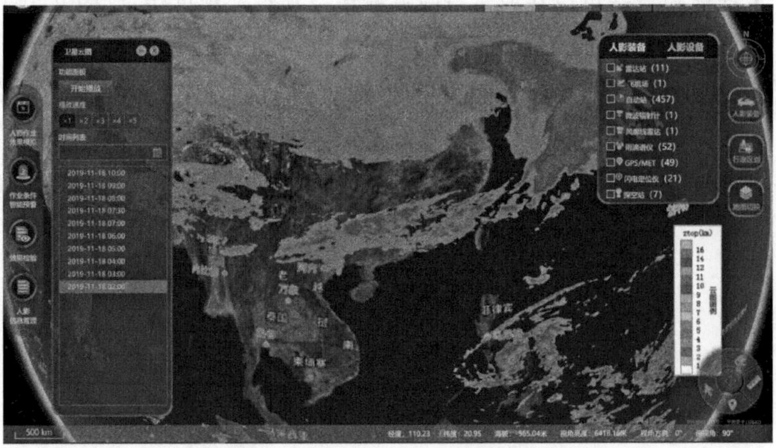


图 9.7　卫星云图三维状态展示

## 9.4.2　无人机航线设计系统

人影信息集成展示子系统(作业方案设计)通过三维可视化展示人影作业站点信息、自动站信息、人影作业信息、模型信息，功能结构如图 9.8 所示。

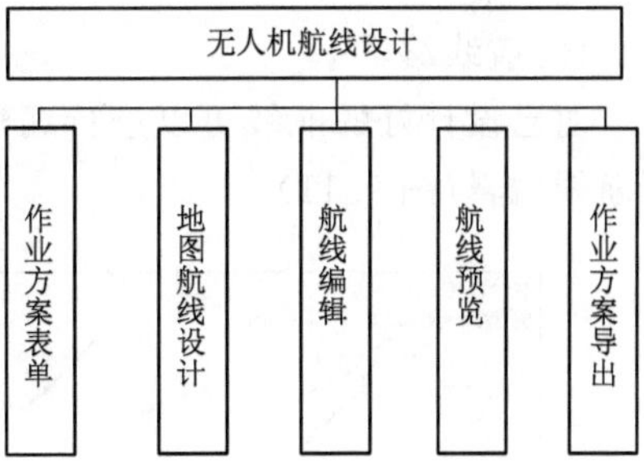


图 9.8　无人机航线设计

系统开发了针对无人机航线设计的表单(图 9.9)，按照要求填写必要的信息来完成无人机航线设计的要求。

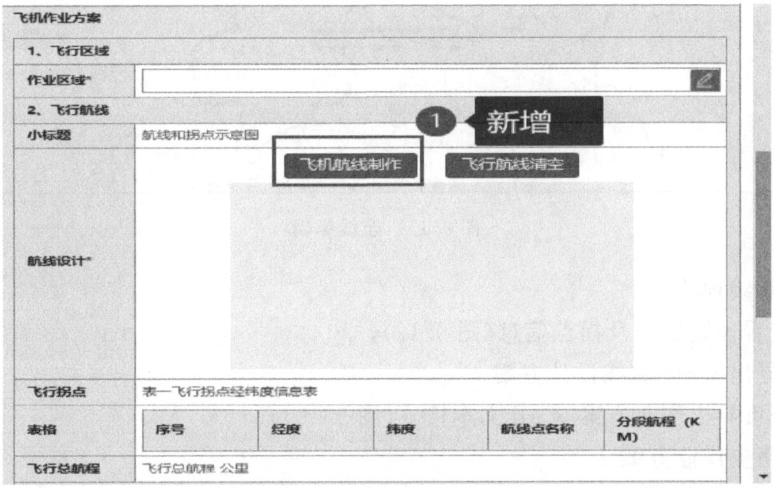


图 9.9　作业航线表单

(1)地图航线设计

通过鼠标地图点选可以获取飞行轨迹航线及拐点经纬度信息(图 9.10)。

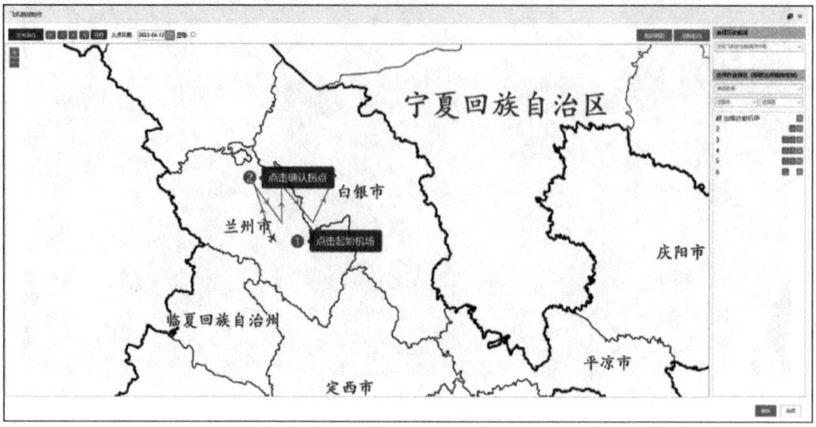


图 9.10　地图航线设计

(2)航线编辑

对已设计好的航线可以进行编辑,鼠标点选拐点信息拖拽或者填写经纬度可进行航线编辑(图 9.11)。

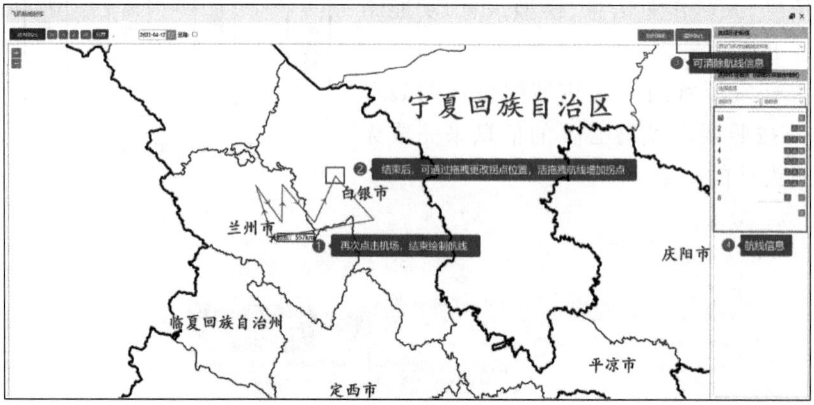


图 9.11　航线编辑

(3)航线预览

可查看预览航线及拐点信息(图 9.12)。

(4)导出 word 航线设计方案

系统可导出作业方案 word 文本格式(图 9.13)。

(5)历史作业方案

系统支持历史作业方案查询。

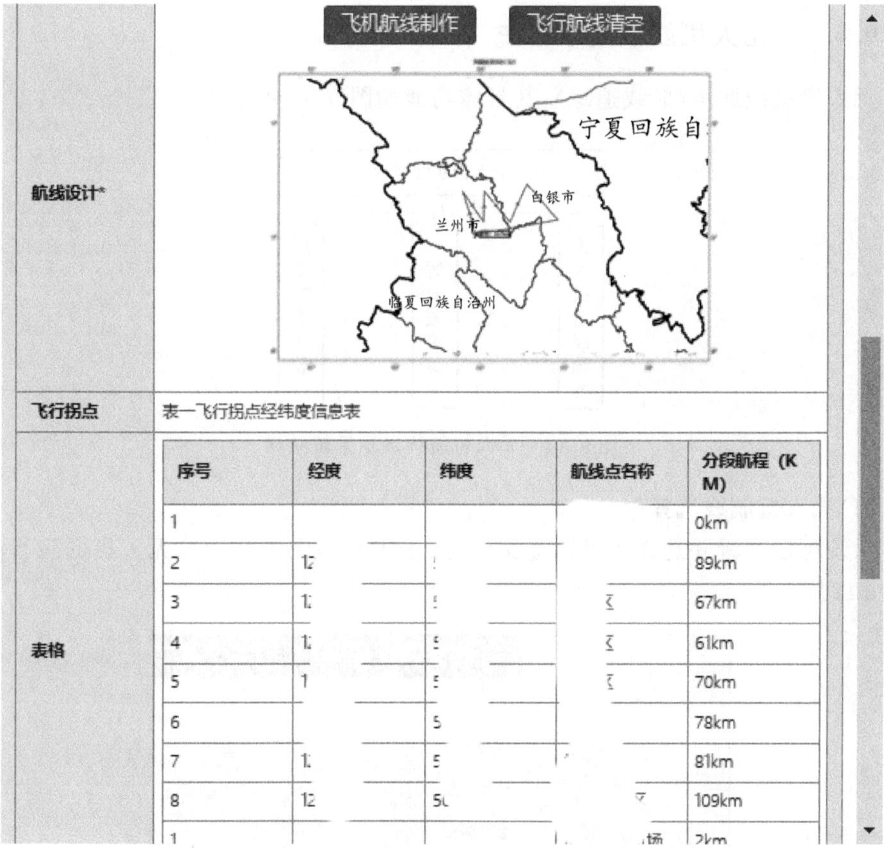


| 序号 | 经度 | 纬度 | 航线点名称 | 分段航程（KM) |
|---|---|---|---|---|
| 1 | | | | 0km |
| 2 | 12 | 5 | | 89km |
| 3 | 1 | 5 | 区 | 67km |
| 4 | 1 | 5 | 区 | 61km |
| 5 | 1 | 5 | 区 | 70km |
| 6 | | 5 | | 78km |
| 7 | 1 | 5 | | 81km |
| 8 | 12 | 5 | 区 | 109km |
| 1 | | | 场 | 2km |

图 9.12　航线预览

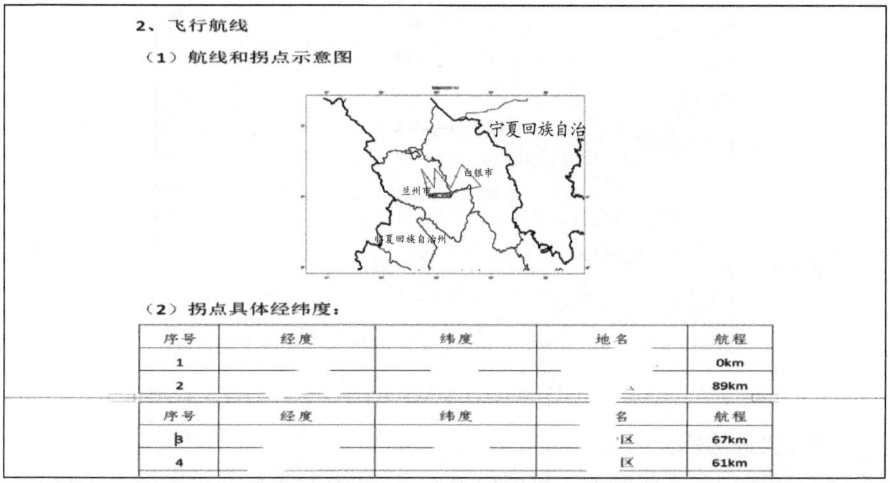

2、飞行航线

（1）航线和拐点示意图



（2）拐点具体经纬度：

| 序号 | 经度 | 纬度 | 地名 | 航程 |
|---|---|---|---|---|
| 1 | | | | 0km |
| 2 | | | | 89km |
| 3 | | | 区 | 67km |
| 4 | | | 区 | 61km |

图 9.13　航线文本格式

### 9.4.3 无人机航线展示系统

无人机航线展示(航线追踪),其具体功能如图 9.14 所示。

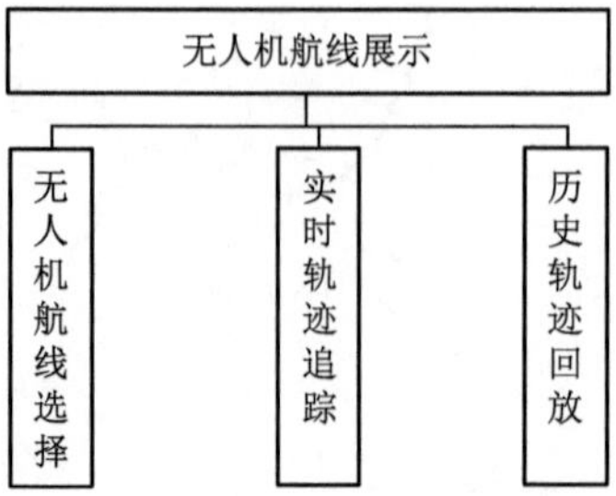


图 9.14 无人机航线展示系统结构

(1)无人机航线选择

系统可以查看并选择飞机轨迹文件,点击可在地图中显示该无人机的飞行轨迹(图 9.15)。

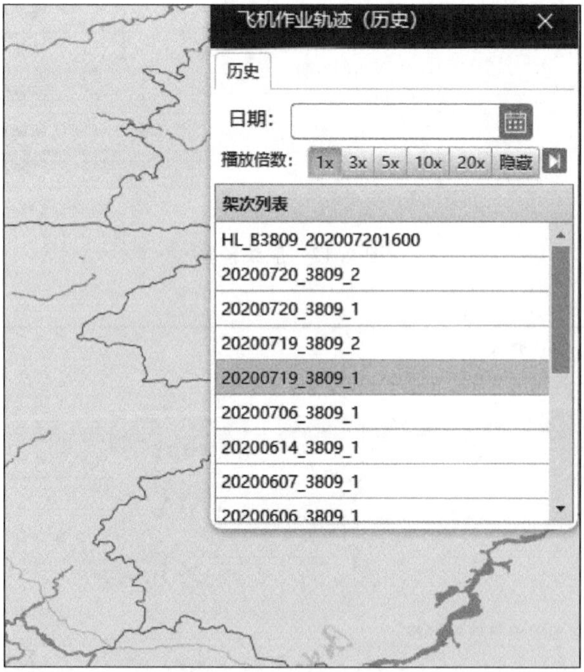


图 9.15 轨迹文件选择

(2)实时轨迹追踪

系统通过接口方式获取无人机的轨迹信息,并实时更新在地图中显示出来,可通过放大、缩小、调整方位查看实时轨迹。

系统通过获取的实时轨迹数据、现在飞行状态,具体包括航速、经纬度、海拔高度信息(图 9.16)。

图 9.16　实时轨迹

(3)历史轨迹回放

可以选择历史轨迹文件,历史轨迹文件可以叠加多架次无人机飞行轨迹在地图中播放显示。可以快进、暂停对飞行轨迹播放控制(图 9.17)。

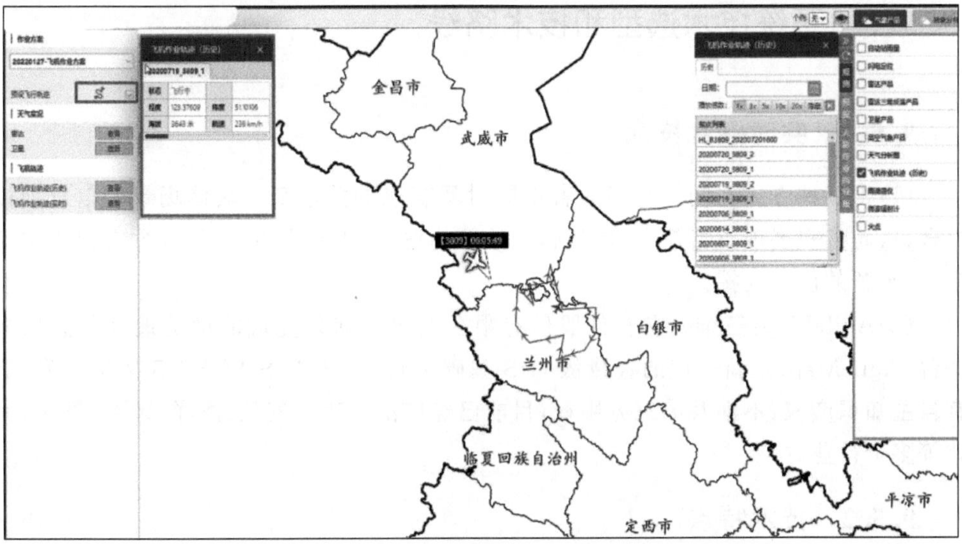


图 9.17　历史轨迹(图片仅供参考)

### 9.4.4　用户权限与设置子系统

本子系统将提供用户权限配置、预警阈值配置功能。提供对访问用户、模块权限控制功能。

用户管理:提供用户添加、删除、修改、分组服务(图 9.18)。

权限服务：针对不同用户或部门，可以分配不同的权限和菜单访问功能。

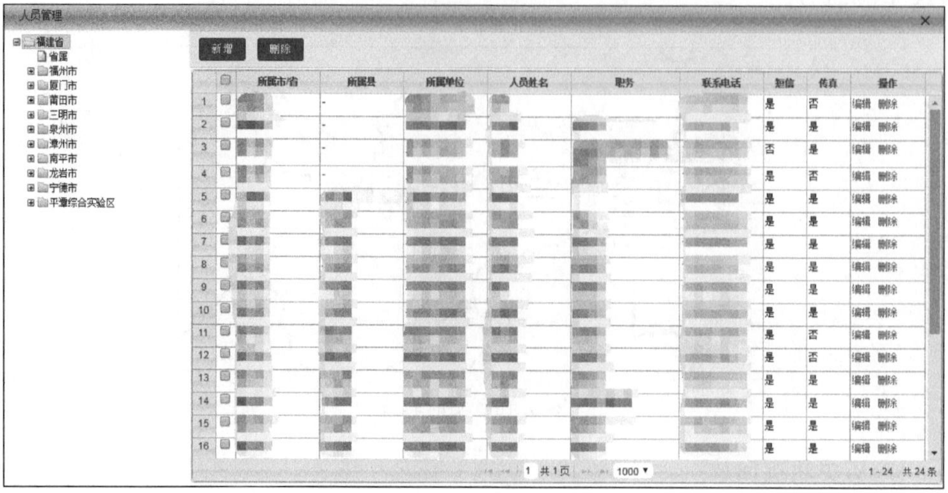


图 9.18　用户管理

## 9.5　系统技术选型和技术路线

### 9.5.1　实时融合技术

(1)将多种方式在同一时间或者不同时间获取的关于某一具体场景的信息加以综合，从而直观展现丰富信息，增强感知效果的技术，为制定决策、设计方案提供多场景、多来源的信息支撑。

(2)AgileMap：三维时空软件股份有限公司自主研发完成的敏捷地理信息服务平台(AgileMap)是新一代的轻量级 GIS 基础平台，基于 B/S WebGIS 架构开发，具有自主知识产权，不涉及第三方版权，目前已经广泛应用于气象、海洋、地震、国土、民政等多个行业。

### 9.5.2　技术特点

(1)接口标准：提供国际标准 OGC 接口，满足面向不同业务的地图功能组件(widget)的二次定制开发需求。

(2)快速构建：可快速构建符合不同行业特性的 GIS 应用系统并支持零编码，如基础构建、表单构建、报表组件构建、工作流组件构建、GIS 组件构建等；

开发轻量，用户只需专注于内部业务流程、功能的设计即可。

(3)动态标绘：能够灵活地制作各种图标、线型、图案、栅格图片并可以实现对标绘体的放大、缩小、旋转、移动、闪烁、显示等动态播放功能，便于应急指挥和事后对独立事件的模拟反演。

(4)丰富应用：提供地图服务、WEBGIS 控件、网格 WEB 地图包等丰富应用，具有地图基础操作；可进行空间测量、空间分析(如缓冲区、叠加、最优路径、点线面周边搜索、等值线分析等等)、空间查询、专题地图统计、标注元素编辑管理、报表统计、协同运维管理等操作。

(5)独特的行业支持：比如在气象行业，AgileMap 提供了对风云系列卫星云图、多普勒雷达图等显示和分析接口，可投影到不同的坐标系下进行显示分析，同时还提供了对各种报文的解报函数，为行业应用 GIS 提供了便捷的二次开发途径；另外，还支持雷达图、卫星云图的三维立体展现。

(6)用户体验：操作简单、部署方便、界面美观且多套系统风格及样式用户可以自主切换，包括 WEB、移动端风格等。

(7)AgileMap 涵盖了通用 GIS 的所有功能，其主要包括富客户运行端、轻量级服务端、自动构建系统、移动手机端等开发平台，并且可以与三维 GIS 平台方便对接，完全满足行业级 GIS 系统的建设需要。

### 9.5.3　系统数据库

系统使用 MySql 数据库，其对属性数据存储高效且开源安全免费，搭配 MySQL Spatial 可很好地兼容地理空间数据的存储管理，采用开源数据库 MySQL 进行数据入库及数据管理。使用开源 MySQL 数据库有如下优势：

(1)易用性：MySQL 可移植性高，安装简单小巧，支持第三方灵活扩展。

(2)方便性：MySQL 调试、管理，优化简单。

(3)规范性：MySQL 支持常见的 SQL 语句规范。

(4)安全性：MySQL 为数据的访问和使用提供了可靠的安全性保护。

(5)可扩展性：MySQL 可以处理拥有上千万条记录的大型数据。

(6)高效率性：MySQL 具有良好的运行效率，对网络系统支持较好。

### 9.5.4　技术路线

综合考虑项目建设单位的信息化现状及需求分析，系统建设建议采用基于 HTML5 与 JavaScript 结合的应用展示层、三维 GIS 平台与 Spring4.0 结合的业务逻辑层、MySQL 与 MySQL Spatial 组成的数据存储层共同构成的 B/S 架构总体技术路线(图 9.19)。

(1)选择此技术路线所具优势

① 甘肃省人工影响天气无人机飞行航线服务平台采用 HTML5 技术提高用户体验、加强视觉感受。

② 三维 GIS 平台使用具有自主知识产权 AgileMapGIS 平台。

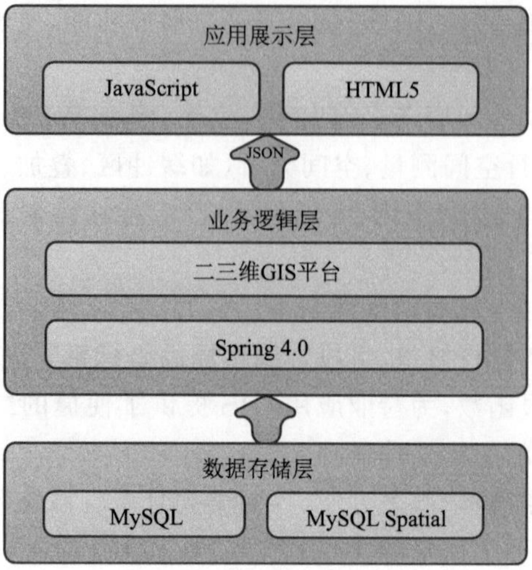


图 9.19　系统技术路线

③ 数据库使用 MySQL 与 MySQL Spatial 搭配，支持空间数据与属性数据的存储与管理。

④ B/S 架构技术有利于市县局各单位之间的互联互通，资源共享。

⑤ 提供对 REST 的支持，有利于与其他系统进行快速对接。

⑥ 遵循 Java 技术标准，保证了系统的灵活性、可用性、可集成性、可扩展性和伸缩性。

(2)硬件环境

硬件环境利旧或另行采购，推荐配置 GTX 游戏级系列显卡、i7 以上处理器、8G 以上内存、1T 以上存储空间服务器，硬件环境采购不在本建设方案采购范围内。

(3)软件环境(表 9.2、表 9.3)

**表 9.2　服务端部署的软件运行配置**

| 名称 | 推荐配置 | |
|---|---|---|
| 软件环境 | 操作系统 | Windows Server 2012 R2(64 位) |
| | 数据库环境 | MySQL(64 位)、MySQL Spatial |
| | 运行环境 | JDK1.8 及以上； |

**表 9.3　客户端推荐的运行配置**

| 名称 | 推荐配置 | |
|---|---|---|
| PC 端 | 操作系统 | Windows 7/8/linux |
| | CPU | 双核 2.0GHz 以上 |
| | 内存 | 4GB 及以上 |
| | 显卡 | 1080Ti GTX 系列及以上显卡 |
| | 硬盘容量 | 500GB 以上 |
| | 浏览器 | 最新版本谷歌浏览器 |

# 参考资料

中华人民共和国国家质量监督检验检疫总局，中国国家标准化管理委员会，2007. 信息技术 软件生存周期过程：GB/T 8566—2007[S]. 北京：全国信息技术标准化技术委员会.

中华人民共和国国家质量监督检验检疫总局，中国国家标准化管理委员会，2006. 信息技术 计算机软件文档编制规范：GB/T 8567—2006[S]. 北京：中国标准出版社.

中华人民共和国国家质量监督检验检疫总局，中国国家标准化管理委员会，2008. 信息技术 计算机软件需求规格说明规范：GB/T 9385—2008[S]. 北京：中国标准出版社.

中华人民共和国国家质量监督检验检疫总局，中国国家标准化管理委员会，2008. 信息技术 计算机软件测试文档编制规范：GB/T 9386—2008)[S]. 北京：中国标准出版社.

中华人民共和国国家质量监督检验检疫总局，中国国家标准化管理委员会，2006. 信息技术 软件工程术语：GB/T 11457—2006[S]. 北京：中国标准出版社.

中华人民共和国国家质量监督检验检疫总局，中国国家标准化管理委员会，2008. 信息技术 计算机软件测试规范：GB/T 15532—2008[S]. 北京：中国标准出版社.

中华人民共和国国家质量监督检验检疫总局，中国国家标准化管理委员会，2001. 信息技术 系统及软件完整性级别：GB/T 18492—2001[S]. 北京：中国标准出版社.

中华人民共和国国家质量监督检验检疫总局，中国国家标准化管理委员会，2006. 信息技术 软件生存周期过程 配置管理：GB/T 20158—2006[S]. 北京：中国标准出版社.

中华人民共和国国家质量监督检验检疫总局，中国国家标准化管理委员会，2008. 质量管理体系：GB/T 19001—2008/ISO 9001:2008[S]. 北京：中国标准出版社.

中华人民共和国国家质量监督检验检疫总局，中国国家标准化管理委员会，2013. 气象服务图形产品色域：QX/T 180—2013[S]. 北京：中国标准出版社.

# 第 10 章　无人机在防灾减灾中的拓展应用

翼龙系列民用版无人机能够在高原山地、海洋环境等强对流天气和极端天气背景下，完成各种复杂的气象探测和环境勘察任务；开展大气观测、人工增雨、海上救援、台风观测试验等工作；并且能拓展到通信保障、森林灭火、空投救援等防灾减灾领域。

## 10.1　机载人工增雨焰条播撒器

### 10.1.1　概述

BF-10A 10 管机载播撒器系统（图 10.1）是陕西中天火箭公司研制的，用于翼龙-2 无人机增雨系统的播撒装置，根据现有有人机播撒器系统成熟技术，结合无人机平台的具体要求研制而成。该播撒器通过两个吊耳与转接梁相连，转接梁通过四个固定螺栓安装于翼龙-2 无人机机翼下，点火控制器安装于转接梁内。该播撒器结构牢靠，散热快，安装调试简便，可靠性高。

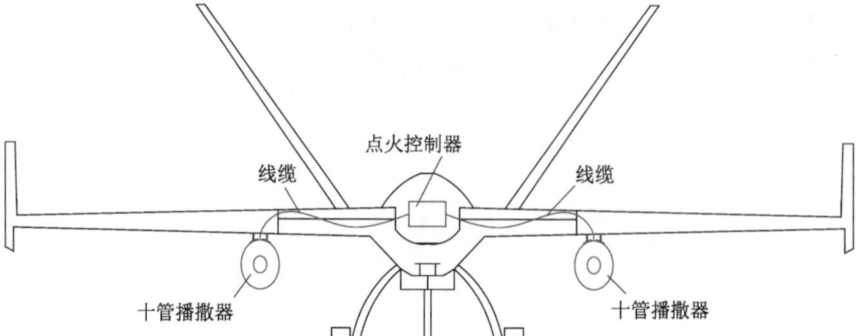


图 10.1　无人机挂载十管机载播撒系统示意图

### 10.1.2　播撒系统总体结构

BF-10A 10 管机载播撒器系统包括 10 管机载播撒器、点火控制器和地面发控软件，翼龙-2 无人机两个机翼下方各安装 1 个 10 管机载播撒器和 1 个点火控制器。地面发控软件安装在无人机地面指挥站内，通过无人机数传链路和机载设备进行通信。

播撒器通过转接梁安装在机翼下方，点火控制器安装在转接梁内，点火控制器外出两根电缆插头，一头和播撒器连接，另一头和机翼下方的 J599G 连接，如图 10.2。

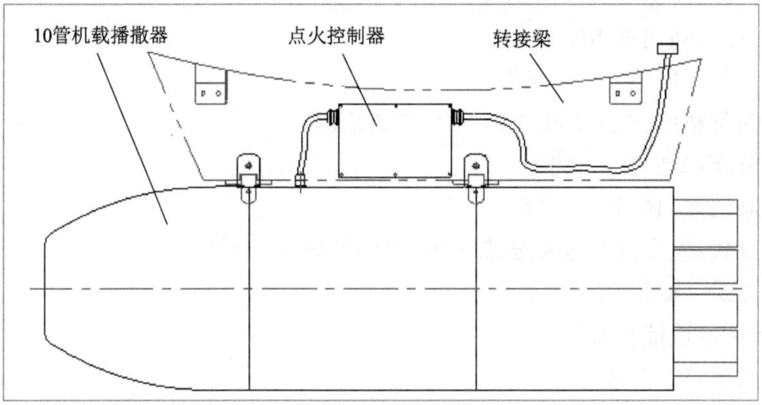


图 10.2　BF-10A 10 管机载播撒器系统总体结构示意图

系统通信原理：地面发控软件将控制命令通过无人机天地链路传送至机载计算机，机载计算机通过 1553B 通信接口传输于中央处理单元，中央处理单元通过 RS422 接口再将指令传输于点火控制器，从而控制播撒器中焰条的播撒作业。系统反馈仍通过该路径反馈信息，通信原理图见图 10.3。

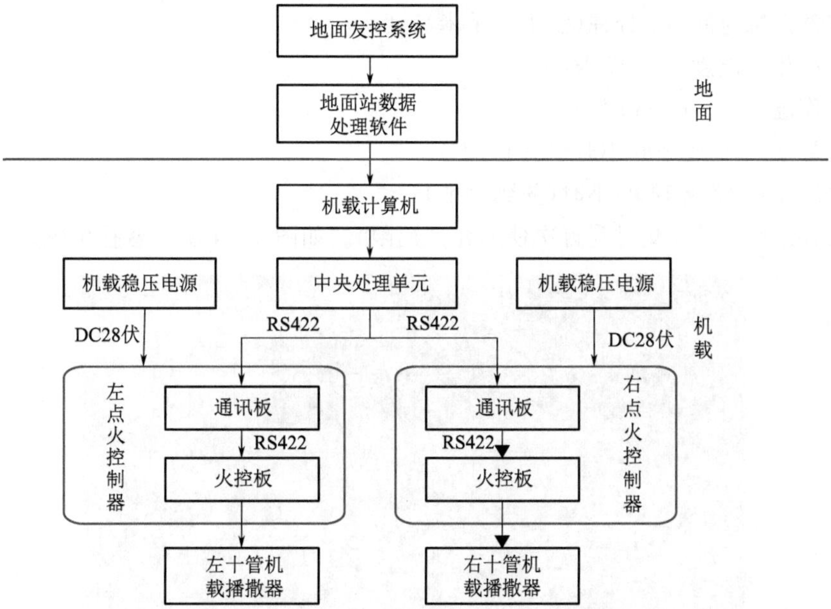


图 10.3　通信原理图

### 10.1.3 主要性能指标

(1)点火控制器和测发控软件指标

通信方式:隔离型 RS422;

火工品检测电流:≤10 毫安;

电阻测量精度:≤0.3 欧姆(0~10 欧姆范围);

点火电流:≥2 安,50 毫秒;

点火通道数:10 个;

点火方式:左右挂架最多各点 3 根,时间间隔 25 分钟;

供电方式:DC28 伏。

(2)播撒器性能指标

空载长度:1235 毫米;

满载长度:1350 毫米;

满载重量:60 千克;

直径:375 毫米;

挂点中心距离最底面:395 毫米;

挂点数量:4 个,孔径 10 毫米;

单根焰条质量:4 千克;

焰条外形尺寸:60 毫米×964 毫米;

焰条播撒时间:25 分钟(空中 4 千米高度);

贮存相对湿度:≤70%$R_H$;

工作温度:-40~50 ℃;

首翻期:4 年或 800 小时(先到为准);

总寿命:7 年或 1400 小时(先到为准);

贮存期限:3 年(交付到首次使用允许期限)。如图 10.4 所示悬挂位置。

图 10.4 播撒器在无人机上的悬挂

### 10.1.4　BF-10A 10 管机载播撒器系统主要结构说明

(1)转接梁

转接梁主要用于播撒器与无人机进行安装，为天飞公司设计，下方通过六个螺栓及支耳与播撒器固定，上方通过四个 M10 螺栓与无人机机翼挂点连接。

图 10.5　转接梁安装图

(2)点火控制器

点火控制器主要用于播撒器测阻、升压及点火，接收无人机给出的信号并执行相应的动作。点火控制器通过八个螺钉安装于转接梁内部，通过航插与播撒器及无人机相连。点火控制器结构见图 10.6。

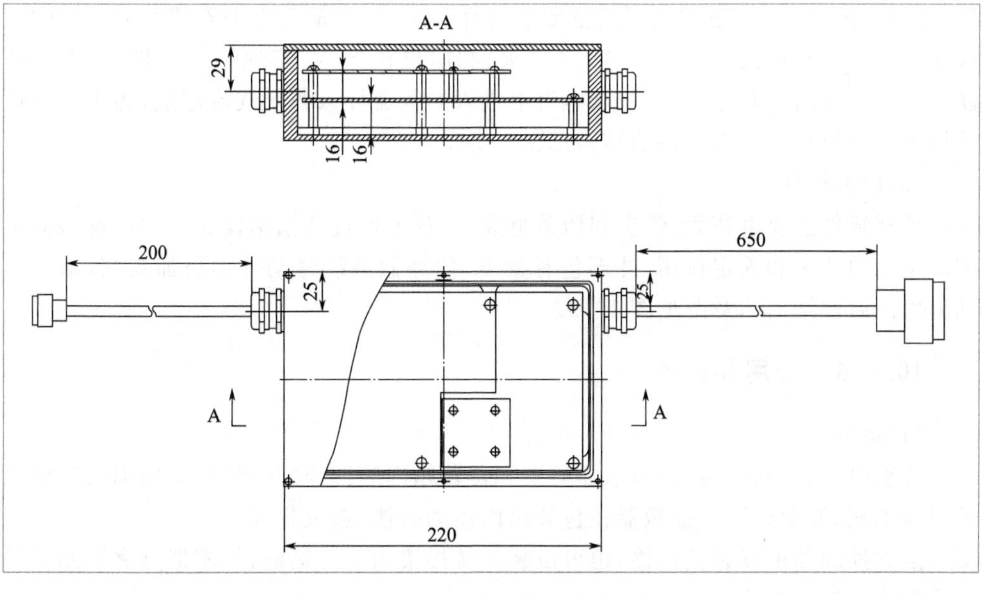


图 10.6　点火控制器结构示意图

(3)整流罩

整流罩能够使播撒器气动外形更加合理,减小播撒器阻力同时具有导流的作用,在焰条工作过程中,整流罩将冷空气从播撒器前端导入播撒器内部,带走焰条燃烧时播撒器内部的热量,达到降温散热的目的。为减轻系统总重,整流罩采用蜂窝状复合材料,在保证结构强度的同时,大大降低了系统重量。整流罩结构示意图见图 10.7。

图 10.7 整流罩结构示意图

(4)中框组件

中框组件是播撒器的重要结构,内部由金属件花盘及桁条组成,外部包有一层蒙皮,上方有两个吊耳,是播撒器的主要承力件。同时,中框组件上安装有播撒器的点火触头、导线,与点火控制器相连,将点火、测阻电流导入,实现焰条的检测、点火功能。中框组件内部有导流锥,将从整流罩进入的气流导入各个气流通道,为十个通道的焰条进行散热。中框组件的结构见图 10.8。

(5)后框组件

后框组件主要由花盘、蒙皮和桁条组成,花盘上通过凹槽结构和中框组件共同实现对焰条的装卡和固定作用,外部包有蒙皮,使播撒系统气动外形更加规则,减小气动阻力。后框结构示意图见图 10.9。

### 10.1.5 使用和操作

(1)运输

运输时,播撒器应装箱处理,播撒器和包装箱内腔四周的间隙用珍珠棉或其他缓冲材料填充,避免运输时播撒器在包装箱内窜动碰撞,造成损坏。

点火控制器可以装箱运输,也可以装入转接梁内一并运输,但需把点火控制器的两个航插线缆保护恰当。

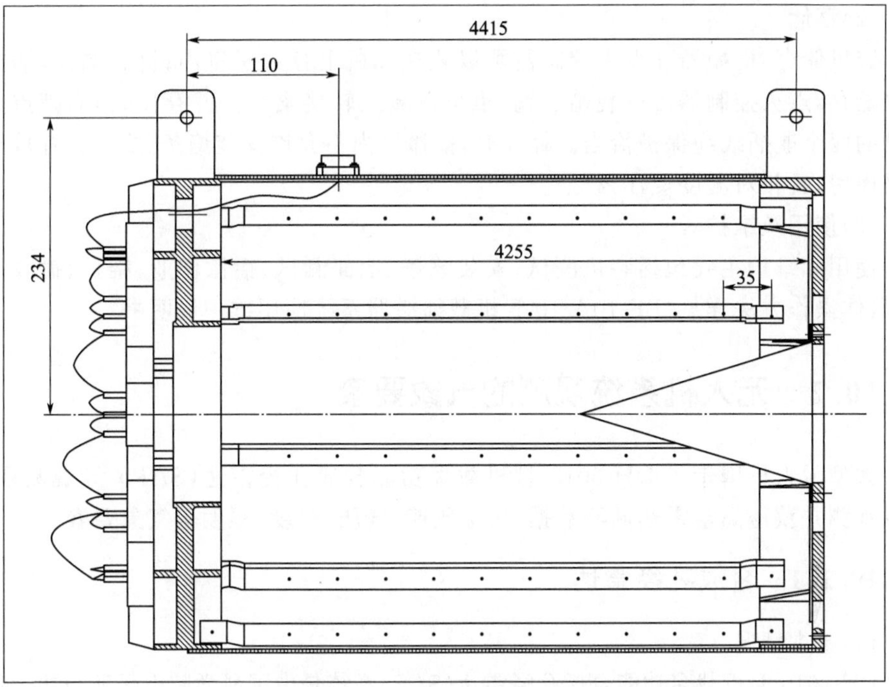


图 10.8 中框组件结构示意图

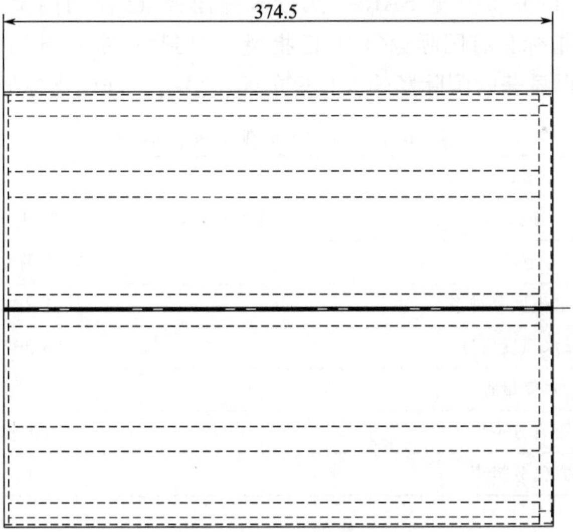


图 10.9 后框组件

运输时，两个播撒器包装箱允许堆放在一起，其上不允许再堆放其他物品，堆放时应捆扎牢靠，防止跌落损伤；应将两个播撒器包装箱固定牢靠，防止划移碰撞；包装箱应远离尖锐物品放置。

(2)存储

装机储存,播撒器和点火控制器可以装在飞机上存放于室内;拆解储存,播撒器装箱储存,点火控制器可以装箱运输,也可以装入转接梁内一并存储,但需把点火控制器的两个航插线缆保护恰当。存放时,播撒器内不允许安装焰条;焰条应存放于火工品库房,且相对湿度≤70%$R_H$。

(3)使用及维护

使用和维护主要包括装机测试、安装焰条、地面测试、播撒作业、维护、撤收等操作,具体操作方法详见《BF-10A 10 管机载播撒器系统使用维护说明书》。

## 10.2 无人机系统观测的气象要素

大型无人机携带了 DH-3010 型机载多功能合成孔径雷达(SAR) 等观测系统,可以观测并获得高空雷达回波数据、高空风速、气压、温度、湿度等气象要素。

### 10.2.1 合成孔径雷达

(1)基本情况

DH-3010 型机载多功能合成孔径雷达(SAR)系统是中国科学院电子所自主研制的机载多功能先进雷达系统,可实时提供高分辨率 SAR 图像,并可对地面/海上目标进行准确指示与跟踪。DH-3010 型 SAR 可执行多种任务,已在国内批量装备使用。DH-3010 型 SAR 性能指标具有国际竞争力,已批量出口到“一带一路”沿线国家,装备于无人机大量应用,取得显著的国际影响及良好的经济效益。详细指标见表 10.1。

**表 10.1　DH-3010 型 SAR 的参数**

| 项目 | 指标 |
|---|---|
| 距离 | 70 千米 |
| 范围 | ±110°(水平方位角度) |
| 降水强度分辨率 | 1 dBZ |
| 降水强度精度 | 5 dBZ |
| 强度量程 | 0～70 dBZ |
| 距离分辨率 | 20 米 |
| 方位分辨率 | 1° |

(2)应用领域

DH-3010 雷达结合高带宽雷达信号处理以及高精度合成孔径技术,可全天时全天候工作,克服云雨雾等不利条件,执行实时大范围、远距离高分辨率成像观测,地面/海上目标指示与跟踪等任务。DH-3010 雷达可装载于超近程、近程、中程和远程等多种有人、无人飞行器平台,可应用于侦察监视、海洋监测、目标测量、国土勘测、资源探查等重要领域。

(3)主要技术指标

DH-3010 雷达具有多种工作模式，包括条带 SAR 成像模式(Strip-mapSAR)、聚束 SAR 成像模式(Spotlight SAR)以及地面和海面运动目标指示模式(GMTI/MMTI)，可执行地面测绘、侦查、警戒以及边界警戒等多种任务。雷达由天线单元、收发单元与处理单元组成，机上可实时获取并下传高分辨率雷达图像与运动目标指示结果。雷达工作在 Ku 波段，雷达整机重量小于 45 千克，最高分辨率可优于 0.3 米，天线可 360°扫描，运动目标最小可检测速度为 10 千米/时，主要技术指标已经达到国际先进水平。

雷达具有对地合成孔径成像及气象探测功能。可对本机周围一定距离和高度范围的降雨区进行探测和标识，从而有效提升无人机立体态势探测和感知能力。

大气中的雨滴可以对雷达发射的微波形成一定程度的反射回波，不同的降雨强度会形成不同的回波反射强度；气象探测利用雷达对周围异常、恶劣天气特别是雷雨区进行探测，提供给定距离方位上的雨量信息，形成雨量图并可标注于电子地图，同时可检测湍流等极端天气现象。气象探测模式技术指标见表 10.2。

**表 10.2　气象探测模式技术指标**

| 项目 | 指标 |
|---|---|
| 设备质量 | ≥70 千克 |
| 探测距离 | ≥70 千米 |
| 扫描范围 | ±110° |
| 数据传输 | 实时下传 |
| 探测数据 | 积雨云位置、大小及强度 |

## 10.2.2　航线气象探测仪

航线气象探测仪的功能是获取飞机航迹上气压、温度、风速、风向等气象参数。气象探测仪由温度、湿度、风测量单元，数据采集器单元组成，与无人机平台数据存储与处理系统、数据链、地面数据处理终端和地面支持系统交联。详细指标见表 10.3。

**表 10.3　航线气象探测仪性能要求**

| 项目 | 性能指标 |
|---|---|
| 大气静温 | 量程：−60～85 ℃<br>精度：±1.5 ℃ |
| 大气静压 | 量程：250～1070 百帕<br>精度：±0.1%满量程 |
| 大气风速 | 量程：0～55 米/秒<br>精度：±5 米/秒 |

续表

| 项目 | 性能指标 |
|---|---|
| 大气风向 | 量程：0～360°<br>精度：±3° |
| 数据刷新率 | ≥1 赫兹 |

## 10.3 机载气象探测仪器

机载气象探测系统是中国兵器工业集团下属的四川西物激光技术有限公司生产的一套机载大气物理探测设备，可用于云物理研究及飞机人工影响天气业务。

### 10.3.1 系统构成

该套探测系统包括：云粒子谱仪（ZBT-LC-01 型）、云粒子成像谱仪（ZBT-LC-02 型）、降水粒子成像仪（ZBT-LC-03 型），如图 10.10 所示。

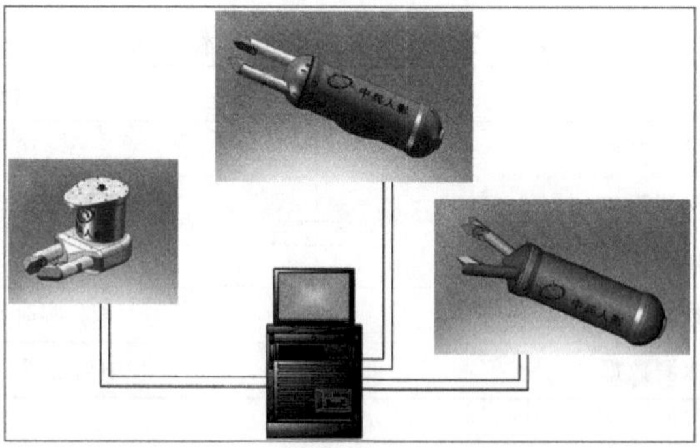

图 10.10 机载气象探测系统

机载设备能够实时测量出大气中 2～6200 微米的各种粒子的谱分布，并能给出 25～6200 微米的粒子的二维图像，为大气物理研究提供详尽的研究资料。

机载气象探测系统设计的使用环境温度为－40～40 ℃，速度为 10～200 米/秒，相对湿度为 0%～100%，可安装于大部分中小型飞机上或者云雾实验室使用。该设备直接使用 28 伏直流电，直流电源需要提供 30A 电流。

### 10.3.2 产品性能

(1)ZBT-LC-01 云粒子谱仪

① 技术参数

测量范围：2～50 毫米

取样频率：1～10 赫兹可选

粒子谱：谱分布数据、数浓度、体浓度

数据传输：RS-485 2 瓦，115200 波特率

工作速度：10～200 米/秒

工作温度：－40～＋40 ℃

工作湿度：0％～100％

工作电压：28 VDC(10 A)，含除防冰功率

设备重量：5 千克

设备尺寸：36 厘米(L)×21 厘米(W)×23 厘米(H)(图 10.11)

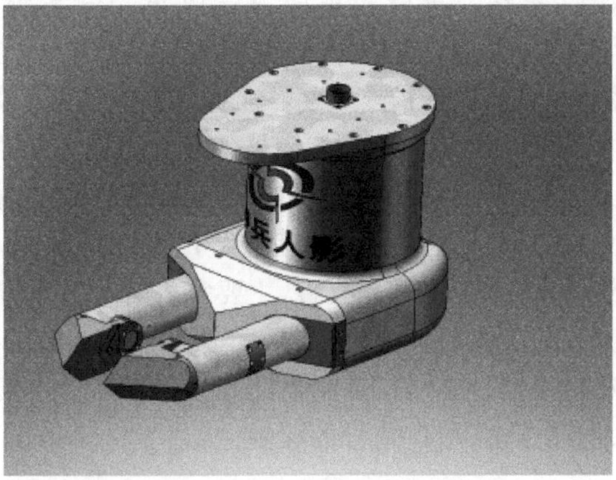

图 10.11　ZBT-LC-01 云粒子谱仪

② 测量原理

云粒子谱仪测量原理如图 10.12 所示。由于大气中的粒子大小不同，对光线产生的散射和折射的程度也就不同，从而产生的光强变化也不相同，根据光强变化的强弱可以判断出产生散射和折射现象的微粒的大小。云粒子谱仪利用粒子对激光的米氏前向散射，实现对粒子大小和分布的测量。工作时，云粒子在探测区域内穿过激光束发生散射，散射光脉冲被引导到光电探测器转换成对应的电压信号。粒子的大小不同则光电探测器上接收到的激光脉冲强度也就不同，转换成的电压信号幅度也就不同，根据信号幅度，就能够对应计算出云粒子的大小。

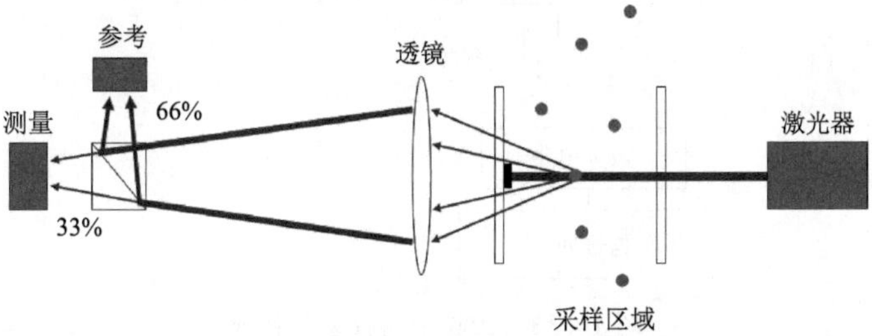


图 10.12　云粒子谱仪测量原理

③ 系统构成

云粒子谱仪由带尾纤输出的半导体激光器、准直和聚焦光学系统、散射光收集成像光学系统、光电探测器、数据处理电路组成，如图 10.13 所示。半导体激光器波长为 650 纳米，最大输出功率 200 毫瓦，输出光纤纤芯直径 100 微米，数值孔径 0.22。准直光学系统首先将激光准直，然后将光束整形为强度均匀的光束发射出去。聚焦光学系统和散射光收集光学系统共同定义了一个很小的激光聚焦散射空间，云粒子在该空间内穿过激光束发生散射。为了精确定标，探测仪只接受和计算通过光束分布均匀区域的粒子大小，只采集 4～12°范围内的粒子前向散射光束，0～4°范围内的光束遮挡，不进入接收光路。散射光被散射光收集光学系统汇聚，同时保证约 2.5 毫米的景深，即散射区长度。汇聚光经分束棱镜后，有 33％到达信号探测器，66％到达参考探测器，参考探测器前有狭缝状光阑。只有当粒子处于景深内时，信号脉冲幅度才会小于参考脉冲幅度。由于探测器探测的散射光为弱脉冲信号，信号放大电路采用三级放大结构，第一级使用低噪声放大器，第二级为增益放大器，第三级为功率放大器。放大后的信号送到信息处理电路，实现信号采集与处理。信息处理电路被划分为两个部分，一个为信号采集板，主要完成两路脉冲信号波形的同时采集以及一路功率信号波形的采集；另一个为信号处理板主要完成对采集信号的存储、统计、计算、通信以及对激光器、加热器、探测器的开关控制等。两板之间通过总线连接器相连、实现采集的信号传输、串口信号的控制。

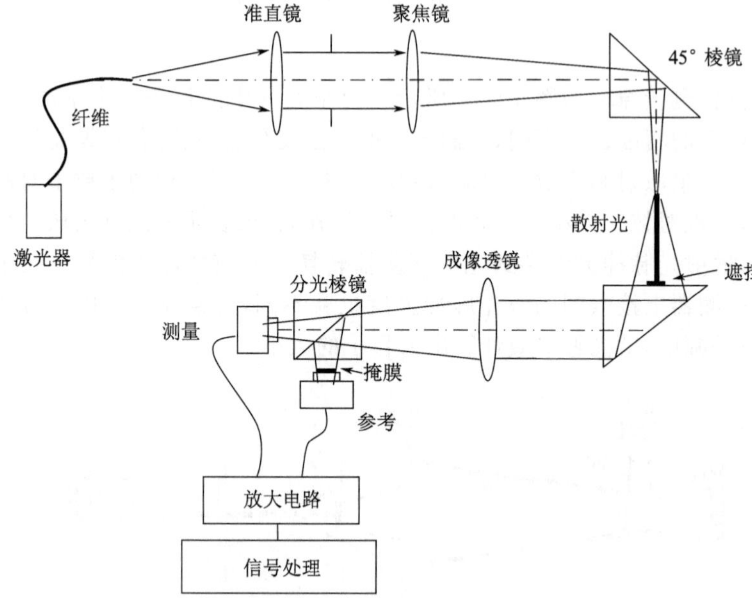


图 10.13　云粒子谱仪系统构成

(2)ZBT-LC-02 云粒子成像谱仪

① 技术参数

测量范围:25～1550 毫米

测量分辨率:25 毫米

取样频率:1 赫兹(数据),不同步(图像)

粒子谱:粒子二维图像、谱分布数据、数浓度、体浓度

采样长度:80 毫米

数据传输:RS-485 2 瓦,115200 波特率

工作速度:0～200 米/秒

工作温度:－40～＋40 ℃

工作相对湿度:0%～100%

工作电压:DC 28 伏(10 安),含除防冰功率

设备重量:15 千克

设备尺寸:92 厘米(L)×20 厘米(D)(图 10.14)

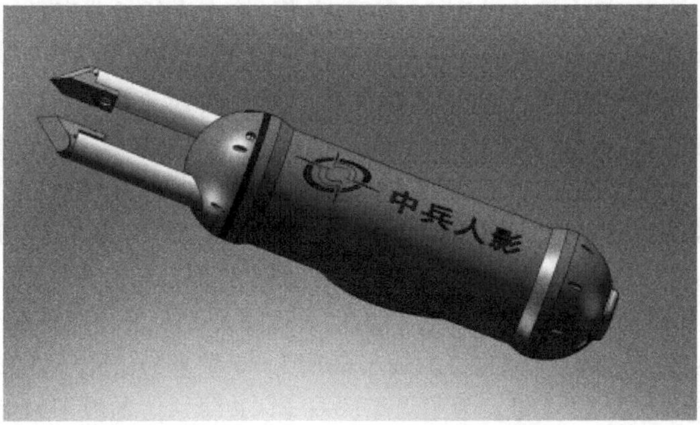


图 10.14　ZBT-LC-02 云粒子成像谱仪

② 测量原理

激光云粒子成像谱仪测量原理如图 10.15 所示。激光云粒子成像谱仪采用 635 纳米半导体激光器为光源,64×1 线性阵列光电探测器接收信号。当探测区域无粒子通过时,光源始终均匀照射在探测器阵列上。当被测粒子通过探测区域时,经由光学系统成像到探测器单元上形成阴影。在任一时刻被遮挡的探测器单元记录粒子的一个影像切片并被存储,这样当粒子通过采样区时,将会按照时间顺序依次存储各个影像切片,将此影像切片同步组合便可以得到完整的粒子二维图像。每个探测器单元有一定的尺度,正比于一定的粒子尺寸,单个粒子所有影像切片组合的最大值即对应粒子的直径。

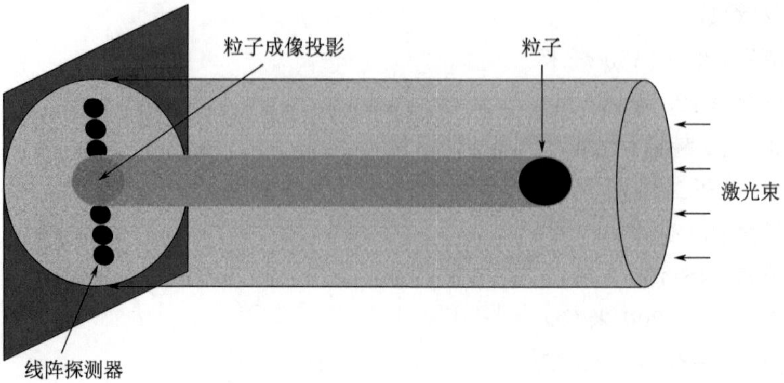


图 10.15　云粒子成像谱仪测量原理

③ 系统构成

激光云粒子成像谱仪由带尾纤输出的半导体激光器、光发射和接收光学系统、线性阵列光电探测器、数据处理模块以及外围模块组成，如图 10.16 所示。半导体激光器波长为 635 纳米，最大输出功率 30 毫瓦，单模，输出光纤纤芯直径 4 微米，数值孔径 0.12 毫米。发射光学系统首先将激光准直，然后将光束整形为强度均匀的光束发射出去。成像光学系统根据云粒子的大小，像放大倍率及成像系统总长的要求，设计了两个反射镜形成 180°转折光路以缩短系统总长，两个反射镜之间的区域为云粒子采样区。采样区长度为 80 毫米，面积为 120 平方毫米。然后以消色差物镜使光束汇聚，最后采用显微成像物镜调节放大倍率，使云粒子放大后成像在阵列探测器上，且像斑清晰。64 元一维线性阵列探测器采用并行输出方式，各个单元探测器同步输出信号，单元探测器的响应时间小于 100 纳秒，可以满足云粒子的高速探测要求。单元探测器的宽度为 310 微米，对应探测最小直径为 25 微米的云粒子，因此成像光学系统的放大倍率调节为 12.4 倍。为了消除从采样区边缘通过的粒子的影响，第 1 个和第 64 个探测单元不用于计算粒子的大小，因此一共有 62 个有效探测单元，探测粒子的分辨率为 25 微米，最大可探测直径为 1550 微米的云粒子。阵列探测器每个探测单元有一定的尺度，通过计算被阴影遮挡的单元数可得到粒子的尺寸大小，探测单元被遮挡与否的量化标准设定为其面积被遮挡的 50%，等于或高于此标准即认为被遮挡，这样也从一定程度上过滤掉了那些尺度不够的小粒子所产生的阴影对测量的影响。无云粒子通过采样区时，激光一直照射在探测器上，各个单元输出直流信号。当云粒子穿过光束采样区时，由于遮挡了部分光束，探测器各单元将根据遮挡情况输出脉冲信号，各单元组合得到的脉冲波形与粒子的大小相关。每一路信号分别经放大器放大后送入数据处理模块进行数字化处理，经 FPGA 中的信号处理电路进行相应计算，计算出粒子的大小，并将不同大小的粒子归入不同粒子尺度通道中，根据探测单元数设置了 62 个粒子尺度通道。信号处理时通过将各个时刻的信号组合得到粒子的二维图像信息，并临时储存在内存中。在达到规定的采集时间后，数据处理模块将粒子的统计分布以及二维图像数据通过串口发送到机载的控制计算机上进行显示。外围模块包括了温/湿度芯片、GPS、空速计，分别获取激光云粒子成像谱仪所处的环境温度、湿度数据、地理位置信息以及真空速。真空速数据将送入数据处理模块计算粒子图像。

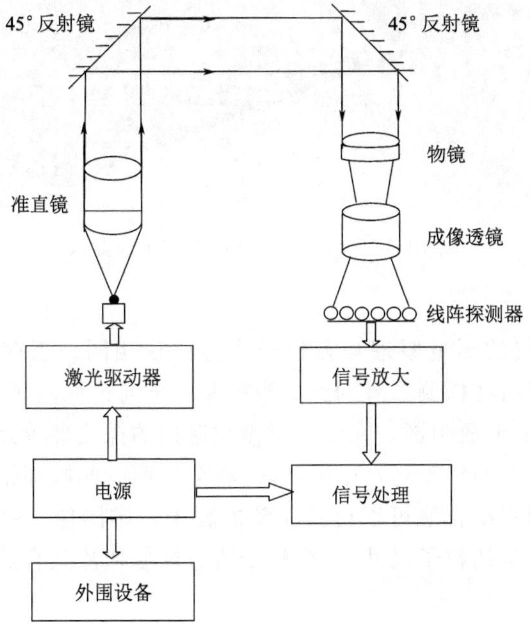


图 10.16　云粒子成像谱仪系统构成

(3)ZBT-LC-03 降水粒子成像仪(图 10.17)

① 技术参数

测量范围：100～6200 毫米

测量分辨率：100 毫米

取样频率：1 赫兹(数据)，不同步(图像)

粒子谱：粒子二维图像、谱分布数据、数浓度、体浓度

采样长度：300 毫米

数据传输：RS-485 2 瓦，115200 波特率

工作速度：0～200 米/秒

工作温度：－40～＋40 ℃

工作湿度：0%～100%

工作电压：DC 28 伏(10 安)，含除防冰功率

设备重量：15 千克

设备尺寸：85 厘米(L)×20 厘米(D)

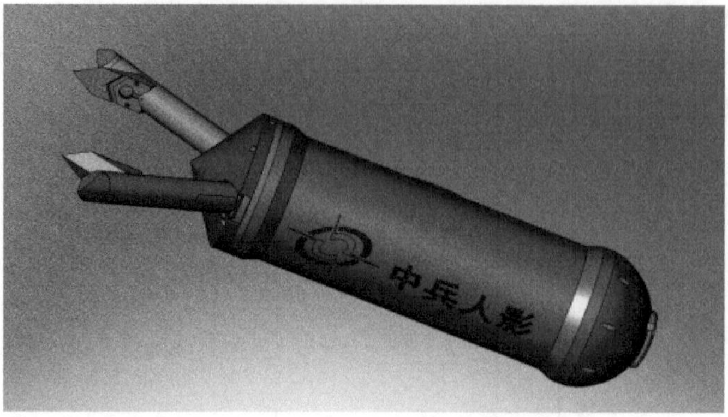


图 10.17　ZBT-LC-03 降水粒子成像仪

② 测量原理

降水粒子成像仪的测量原理与云粒子成像谱仪相同。当探测区域无粒子通过时，光源始终均匀照射在探测器阵列上。当被测粒子通过探测区域时，经由光学系统成像到探测器单元上形成阴影。在任一时刻被遮挡的探测器单元记录粒子的一个影像切片并被存储，这样当粒子通过采样区时，将会按照时间顺序依次存储各个影像切片，将此影像切片同步组合便可以得到完整的粒子二维图像。每个探测器单元有一定的尺度，正比于一定的粒子尺寸，单个粒子所有影像切片组合的最大值即对应粒子的直径。

③ 系统构成

降水粒子成像仪由带尾纤输出的半导体激光器、光发射和接收光学系统、线性阵列光电探测器、数据处理模块以及外围模块组成，如图 10.18 所示。降水粒子成像仪内有一个激光器，激光器产生的激光经过一组反射镜和透镜的调整和放大以后，形成一条矩形激光束，由探头中二极管阵列板上的光电二极管阵列接收，光电二极管阵列由 64 个光电二极管组成，64 个光电二极管后端对应有 64 组信号放大器。当有微粒穿过激光束时，遮挡了部分激光，使这 64 个光电二极管中的一部分接收到的光强发生了变化，然后经过 64 组信号放大器后给出对应的一组 64 个脉冲信号，然后将这组脉冲信号输送给探头内的数据处理部分来处理，并由对应的计数器记录一次。数据处理部分根据这一组脉冲信号的强弱和位置就可判断出微粒的大小和形状，而后向计算机输送记录的时刻和该粒子的大小及形状，并给出一定时间内通过激光束的粒子个数，计算机结合真空速实时处理、显示并记录粒子的浓度和谱分布以及粒子的二维形状。降水粒子成像仪与云粒子成像谱仪的区别在于：降水粒子成像仪的测量范围为 100～6200 微米、粒子分辨率 100 微米，测量范围相对更大，因此为了采样到足够多的粒子，采样区设计得更大。

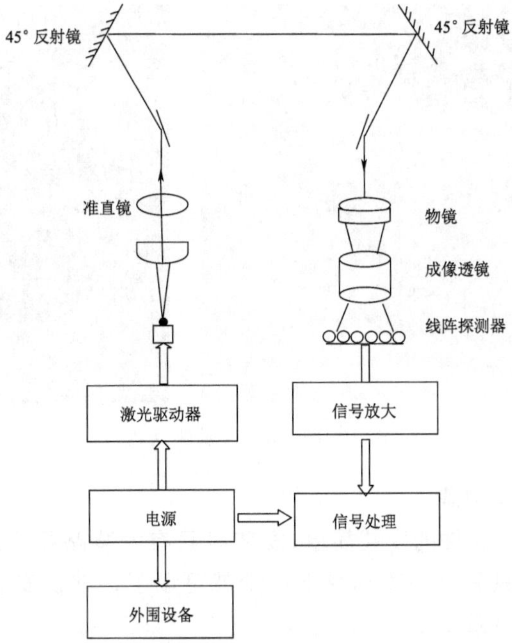


图 10.18　降水粒子成像仪系统构成

### 10.3.3　数据分析显示(PADS_main.exe)软件

(1)概述

PADS_main.exe 软件的功能是对云粒子谱仪、云粒子成像谱仪、降水粒子成像仪进行控制及数据处理。

软件采用 Java 语言开发,程序运行时需要依赖 JRE(Java 运行时环境),在程序安装时已经附带了独立使用的 JRE 环境,用户无需预先安装 JRE。软件运行于 Windows 系统下,不支持其他系统。

软件提供实时观测、数据存储、文件回放、日志记录等功能。

(2)通信串口适配器软件安装

将随机附送的 USB 串口适配器接入用户计算机的 USB 口中,将自动弹出"找到新的硬件向导",直接点"取消"退出。将驱动光盘(图 10.19)放入光驱,打开光盘目录"G:\UPort 1100\Software\Windows XP_2003_Vista_2008\x86",双击"driv_win_uport1p_v1.6_build_09062913_whql.exe"文件进行安装。安装完成后,计算机将可以自动识别 USB 串口适配器,单击"我的电脑",点右键——属性——硬件——设备管理器——多串口卡,将串口通信方式设置为 RS485 2W。然后点击"端口",记下对应 moxa 对应的端口号。

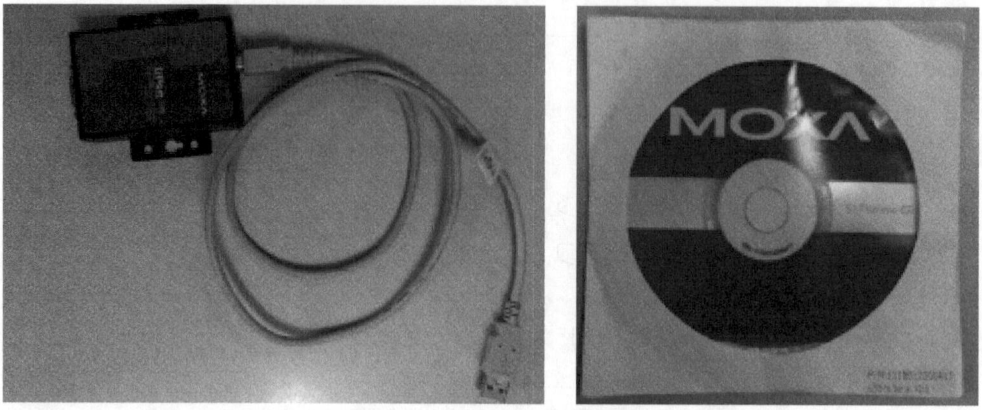


图 10.19　Moxa 及驱动盘

(3)软件的安装与卸载

PADS_main. exe 软件的安装简单,安装时只有安装路径可以更改,如果是采用默认指定的路径,就只需要一直选择下一步就可以了。默认安装在 C:\PADS 目录下,可以更改为其他目录。

需要注意的是 Windows7 对安全有增强,如果选择安装在系统盘,比如 C:盘为系统盘,安装时选择安装在 C:\Program files\Microsoft\PadSetup\目录下了,那么在运行软件时,请使用 administrator 身份运行,否则 PADS_main. exe 软件可能因为权限的问题无法记录日志文件和创建新文件。

在卸载 PADS_main. exe 软件时,可以通过控制面板中的程序管理卸载或者直接运行安装目录下的卸载程序进行卸载,卸载后删除该目录即可。

(4)软件的功能

① 设备管理

运行软件以后,软件进入的是“设备管理”界面,如图 10.20 所示。

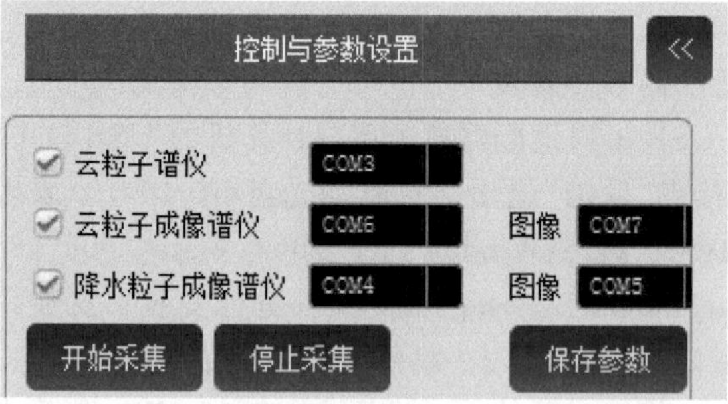


图 10.20　设备管理

“☑ 云粒子谱仪 ”表示的是软件控制的设备的名称，不可修改。方框中打钩表示选中该设备。表示软件控制的设备类型分为三种即云粒子谱仪、云粒子成像谱仪、降水粒子成像谱仪，这个字段不可修改。

“COM3”表示的是云粒子谱仪设备使用的统计串口。云粒子谱仪只使用一个串口。

“COM6 和 COM7”表示的是云粒子成像谱仪设备使用的两个串口。COM6 表示的是该设备的统计串口，COM7 表示的是该设备的图像串口。

“COM4 和 COM5”表示的是云粒子降水成像谱仪设备使用的两个串口。COM4 表示的是该设备的统计串口，COM5 表示的是该设备的图像串口。

点击“保存参数”，可以使设备记忆我们设置好的串口。正常关闭设备后，下一次打开设备，就不需要再次设置串口。

点击“开始采集”，在方框中打钩的设备就表示我们所选择需要工作的，这些设备就会开始工作。需要结束工作就点击“停止采集”。

可以给设备设置一个空速进行采样，比如 3.2 米/秒，再点击确认就可以。在下面的实时数据采样空速就会显示 3.2(图 10.21)。

图 10.21　空速设置

② 数据采集情况监控

本软件提供了对设备采集数据的实时分析及显示功能，如图 10.22 所示。

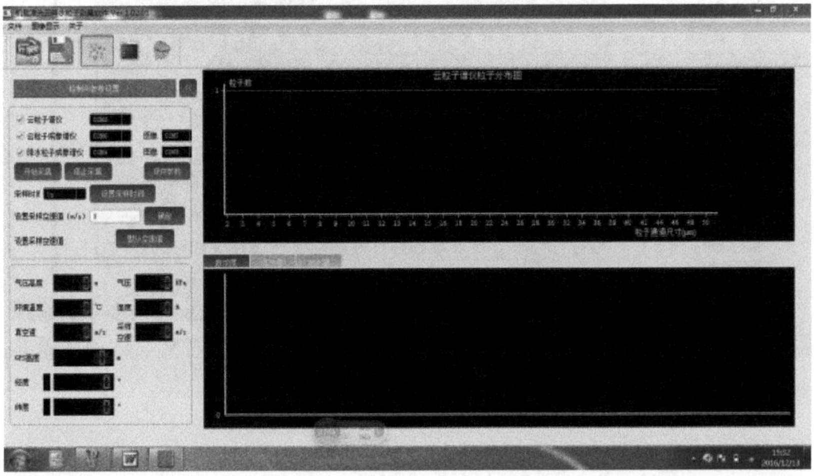

图 10.22　云粒子谱仪操控界面

云粒子成像谱仪相关操控界面如图 10.23 所示。

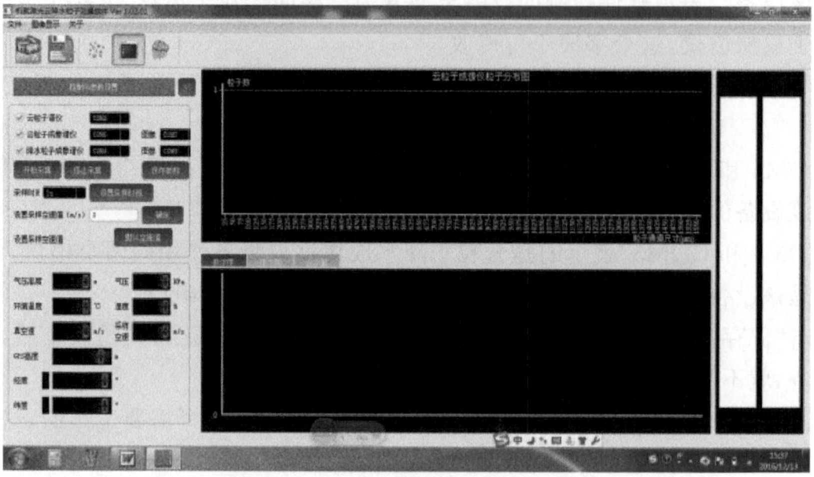

图 10.23 云粒子成像谱仪操控界面

三个探测仪的操控界面大同小异，降水粒子成像仪操控界面与云粒子成像谱仪的操控界面是相同的。云粒子谱仪操控界面如图 10.22，相比云粒子成像谱仪操控界面(图 10.24)少了右边的图像部分。下面以云粒子成像谱仪操控界面为例对界面上各部分功能作以下说明。

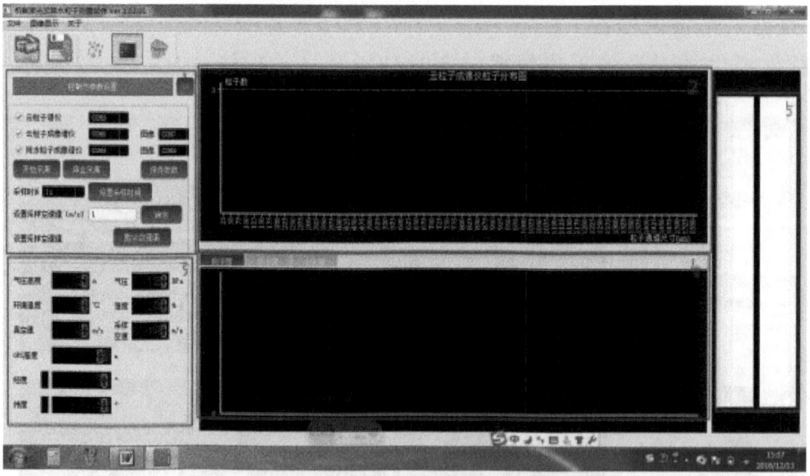

图 10.24 云粒子成像操控界面功能介绍

整个界面分为五个部分。

区域 1 的内容是设置上个探测设备的相关串口。“开始采集”和“设置采样周期”“启动采集”按钮点击后会变为“停止采集”，点击后停止数据采集。

区域 2 的内容为各通道粒子数的柱状图表示。

区域 3 为实时监控参数区域，当出现“空速”值为 0 的特殊情况时“数浓度”“体浓度”“含水量”等参数的值显示为 0。当 GPS 信息无效时，“GPS 经度”“GPS 维度”“高度”信息显示为“--”。

区域 4 显示的是“数浓度”“体浓度”“含水量”随时间变化的折线图。

区域 5 是粒子的成像图。

③ 历史数据回放

本软件提供了对采集到的历史数据进行回放的功能。通过菜单“文件”打开文件选择历史数据文件进行回放。

当用户点击“停止数据采集”按钮时，软件会将数据保存到本地，保存的目录为软件安装目录下的 dir 文件夹，本软件会将数据同时以两种方式保存，dir\2016-11-10\bin\目录下的是以二进制形式保持的数据文件，供回放使用。dir\2016-11-10\bin\Excel\目录下的是以 Excel 形式保存的历史数据，供分析使用。

保存时会按照数据采集的当前日期在 bin 及 excel 目录下创建对应的文件夹。当采集周期跨越了午夜 0 时，以开始采集时的日期为准创建目录。例如采集的时间是 2014 年 8 月 29 日 23 时到 2014 年 8 月 30 日 2 时，那么数据会保持在“2014-8-29”目录下。

数据回放界面如图 10.25 所示。

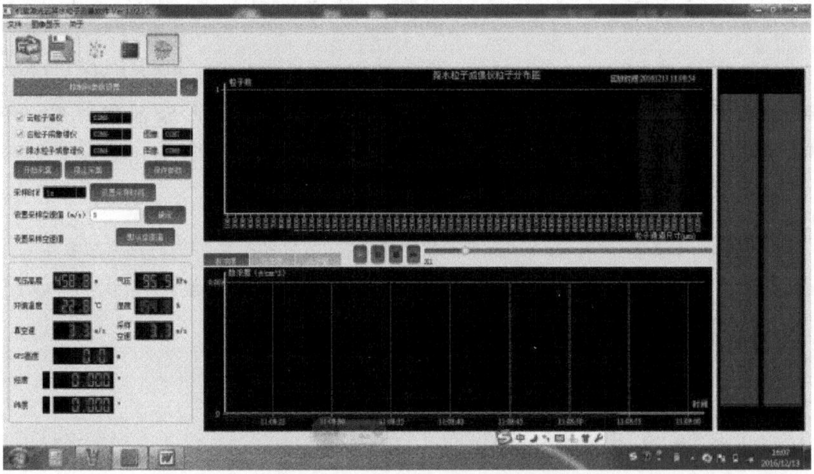

图 10.25　降水粒子成像数据回放

历史数据回访时，界面中间会出现一个滑动条和按钮，可以对历史数据播放进行控制。

### 10.3.4　探测系统使用注意事项

由于光路都存在一定漂移，因此机载设备需要定期标定。

每次工作前都要取下各个探头的保护罩，并擦拭各探头的镜片。

开机顺序：首先打开计算机，操作探测系统启动完毕后打开所有探头的电源，然后再运行粒子分析软件；

工作结束后停止记录和取样，并退出粒子分析显示软件，拷贝测试数据。

工作结束关闭各个探头的电源，最好能罩上各个探头的保护罩。

各个探头的光学窗口需定期清洁，建议在每次使用之前进行。

建议每年返厂标定一次。

## 10.4 森林火灾定点清除

森林在我国国民经济中占有非常重要的地位。目前我国森林覆盖率约为23%，森林总面积约为20亿公顷。森林草原火灾不仅严重破坏森林草原资源和生态环境，而且会对人民生命财产和公共安全产生极大的危害，对国民经济可持续发展和生态安全造成巨大威胁，烧毁森林草原植被资源、危害野生动物、引起水土流失、使下游河流水质下降、引起空气污染、威胁人民生命财产安全。

我国在1950—1997年间共发生森林火灾67.6万次，平均年森林火灾受害面积82.2万公顷。近10年来，我国每年也有约20多万公顷的森林毁于森林大火，直接经济损失5亿多元。森林灭火也一直是世界许多国家亟待解决的技术难题。

在山高坡陡的林区，发生火灾后人工灭火难度大，风向突变对灭火人员的生命安全造成严重威胁。大型无人机具有高空侦察、光学瞄准、定点发射的功能。因此，可以发挥大型无人机机动性好的优势、挂载灭火弹，开展火点的定点清除。

### 10.4.1 下投式灭火弹

下投式灭火弹由陕西中天火箭技术股份有限公司研制，采用下投方式进行灭火。

(1)技术指标

直径：280毫米；

灭火剂携带量：40千克；

灭火剂种类：液态/干粉灭火剂；

灭火弹总重量：50千克；

有效灭火面积：≥50米$^2$；

播撒高度：距地8～10米；

播撒方式：无人机无动力投放。

(2)方案简介

该灭火弹为无动力弹，由旋翼无人机携带至目标区域上空进行投放。如图10.26所示，灭火弹由安保舱、灭火舱和姿态调节舱组成，安保舱内装有引信，用于控制灭火舱的播撒高度，灭火舱内装有液态/干粉灭火剂，用于扑灭有效范围内的明火；姿态调节舱包含尾翼和姿态调节伞，用于调整火箭姿态。

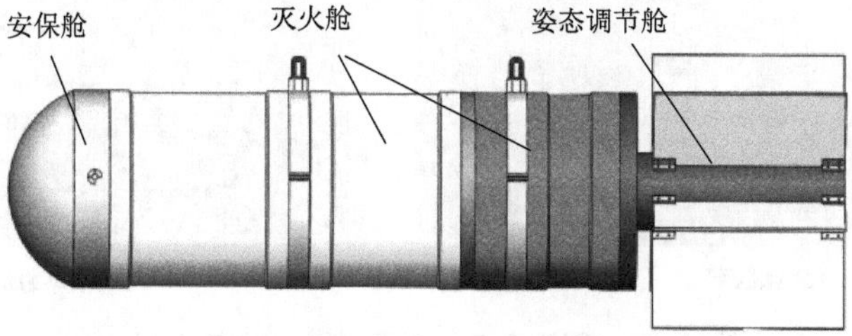


图 10.26　下投式灭火弹

工作流程：无人机携带灭火弹飞至着火区域上空，挂架释放灭火弹，灭火弹引信上电，距离地面 8～10 米高度左右，引信触发，灭火舱播撒，扑灭有效灭火范围的着火点。

(3)试验情况

目前该灭火弹已进行多轮的地面灭火演示验证试验，通过调节每次试验木材量、木垛距离，验证灭火弹的有效灭火面积和灭火能力。图 10.27～图 10.29 分别介绍了三次灭火试验。

图 10.27：灭火模型为四个木架，木架上布置有大小不一的杂木，木架均布在灭火弹半径 3 米的圆周上，灭火弹播撒后全部扑灭。

(a) 试验前　　(b) 试验后

图 10.27　半径 3 m 的木架火试验

图 10.28：灭火模型为八个木架，木架上布置有大小不一的杂木，分两层交叉布置在灭火弹 1.5 米、3 米的圆周上，灭火弹播撒后全部扑灭。

图 10.29：灭火模型为九个木垛，分三层 4-3-2 方式布置在距离灭火弹 1 米、2 米、3 m 的位置，灭火弹播撒后全部扑灭。

(a) 试验前　　(b) 试验后

图 10.28　间距 1.5 米的两排八个木架火试验

(a) 试验前　　(b) 试验后

图 10.29　间距 1 米、三排木垛火试验

### 10.4.2　MXF 系列无线遥控远程森林灭火装备

MXF 系列无线遥控远程森林灭火装备由陕西中天火箭技术股份有限公司研制。MXF 系列无线遥控远程森林灭火装备主要由 MXF-3\MXF-5 两型森林灭火火箭及其地面发射架和发控器组成，该装备可对森林火进行远程扑灭、压制，阻断火线，有效解决人与火的直接对抗，避免消防人员伤亡事故的发生。可以挂载在无人机上远距离进行定点发射。

(1)灭火火箭(表 10.4)

**表 10.4　灭火火箭基本参数**

| 项目 | 单位 | MXF-3 | MXF-5 |
|---|---|---|---|
| 火箭直径 | 毫米 | 82 | 120 |
| 火箭长度 | 毫米 | <700 | 1231(干粉)1159(水基) |
| 火箭质量 | 千克 | <4 | 9.8 |
| 射程(45°发射) | 米 | ≥180 | ≥1000 |
| 射击精度 | / | 1/100 | 1/80 |

续表

| 项目 | 单位 | MXF-3 | MXF-5 |
| --- | --- | --- | --- |
| 灭火剂质量 | 千克 | 1.5 | 4.5 |
| 灭火剂抛洒半径 | 米 | ≥5 米 | ≥7 米 |

图 10.30　灭火火箭外形图

(2)发控系统(图 10.5、图 10.31)

**表 10.5　发控系统基本参数**

| 项目 | MXF-5/3 |
| --- | --- |
| 遥控发射距离 | ≥50 米无阻隔 |
| 发控端重量 | ≤1 千克 |
| 执行端重量 | ≤1 千克 |
| 通信形式 | 24 VDC 载波 |
| 装订分辨率 | 0.1 秒 |
| 装订时间范围 | 0.5～30 秒 |
| 供电 | 可充电锂电池 |
| 续航能力 | ≥4 小时 |

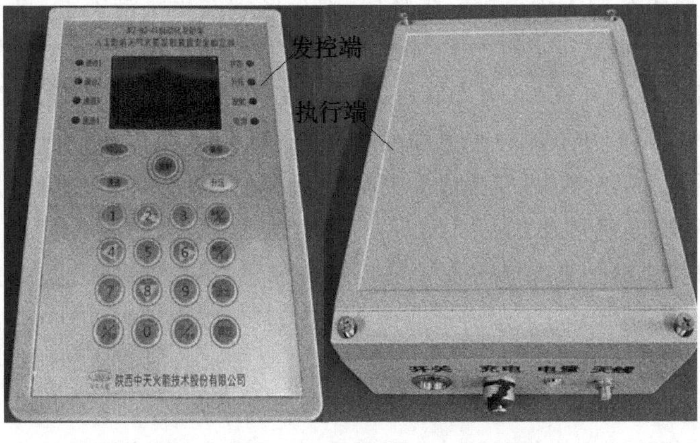


图 10.31　灭火火箭发控系统外观图

(3)成熟度

该系列灭火火箭已经进行了地面静爆/空爆试验、飞行试验、动不平衡试验、发控器的高低温试验、雨淋密封试验等(图 10.32)。

图 10.32　灭火火箭发射试验图

该系列灭火火箭具有如下优势：

① 多重安全保障设计,使用安全可靠。

② 采用远程无线遥控发射,使用方便,安全性高。

③ 发射架可以快速拆解/组装,重量轻、体积小,便于携带。

④ 发射瞄准角和延时时间自动解算,操作人员易上手。

⑤ 射程远、灭火剂装填量大,有利于提高灭火效率。

## 10.5　应急通信保障

2021 年 7 月 20 日 08 时至 7 月 21 日 06 时,河南中北部出现大暴雨,郑州、新乡、开封、周口、焦作等地部分地区出现特大暴雨(250～350 毫米),郑州城区局地 500～657 毫米。河南省突遭大规模极端强降雨,部分区域发生洪涝灾害,巩义市米河镇多个村庄通信中断。中航无人机公司按照上级要求迅速组织,立即启动翼龙-2H 应急救灾型无人机应急响应机制,全力以赴执行救灾任务,以米河镇、巩义为重点侦察地区开展超过 28000 平方千米的应急通信保障任务,任务区内作业时间共计 8 小时 8 分。解决了断电、断路、断网"三断"极端情况下"信息传不出来"的问题,实现了应急救援行动的高效、准确指挥。

21 日 18 时 21 分,"翼龙-2H"无人机穿越贵州省、重庆市、湖北省、河南省,飞行近 1200 千米,历时 4.5 小时进入米河镇通信中断区,利用翼龙无人机空中应急通信平台搭载的移动公网基站,实现了约 50 平方千米范围长时稳定的连续移动信号覆盖。空中基站累计接通用户 2572 个,产生流量 1089.89 兆,单次最大接入用户 648 个,为灾区居民及时报告灾情、报送平安恢复了移动公网信号,打通了应急通信保障生命线。

“米河镇的乡亲们，因暴雨致通信中断，应急管理部紧急调派翼龙无人机抵达你镇上空，可暂时恢复中国移动公网通信。”7 月 21 日晚，长时间通信中断的河南省郑州市巩义市米河镇居民收到了一条信息。

翼龙-2H 应急救灾型无人机系统是由中航(成都)无人机系统股份有限公司在翼龙-2 无人机系统基础上，针对灾害探查、应急通信保障、应急投送等任务研制的大型应急救灾型无人机系统。该无人机系统由无人机、地面控制站、保障系统组成，并搭载光电探测吊舱、合成孔径雷达、航拍 CCD 相机、应急通信保障吊舱、应急投送舱等设备，具有航程远、留空时间长、承载能力大、环境适应性强等特点，可在“断路、断电、断网”等极端灾害条件下，完成多谱段灾害现场探查、公/专网应急组网通信、应急物资投送等任务，并融入应急指挥体系，是我国应急救灾保障的新质力量。

翼龙-2H 应急救灾无人机系统可以实现空中组网和高空中继，从而实现包括图像、语音和数据的传输，因此可以融入公网网络系统(图 10.33)。在翼龙-2H 应急救灾无人机飞赴河南之后，通信运营公司立即通过无人机向所在区域发送了短信，从短信内容可以看到，无人机在单个区域就可以实现数小时的公网通信恢复功能，无人机长时间滞空，从而为抗险救灾提供了通信基础，人民群众可以通过手机与外界保持沟通。在河南连日暴雨的阶段，翼龙-2H 应急救灾无人机的出现，起到了关键的作用。针对重点区域的救灾工作，比起恢复移动基站，动用应急无人机系统起到的作用是立竿见影的。

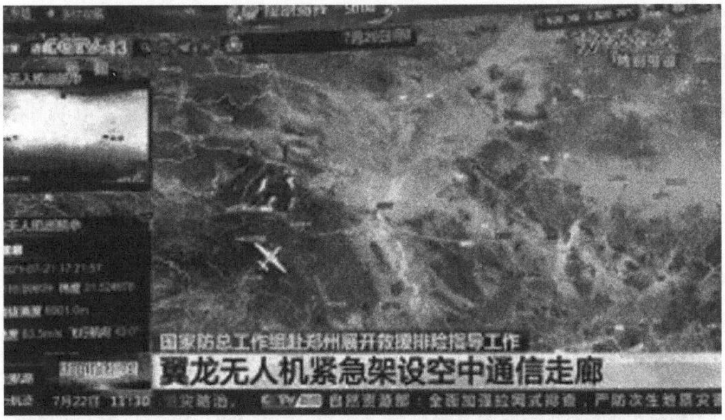


图 10.33　央视新闻对无人机空中通信基站的报道截图

翼龙-2H 应急救灾型无人机系统通过采取公网、专网、卫星通信方式互为补充，针对灾区“三断”(断路断电断网)情况，融合空中组网、高点中继等技术，实现图像、语音、数据上下贯通，横向互联、可视指挥，帮助全面构建“空天地”一体化应急通信保障体系，为第一时间开展应急救援提供了全新的解决方案。“翼龙”无人机空中通信平台可定向恢复 50 平方千米的移动公网通信，建立覆盖 15000 平方千米的音视频通信网络，能够保障专网通信，为国家现场指挥部指挥调度、视频会商提供强力保障。“翼龙”无人机系统平台可应用卫星遥感、空中勘察等技术，实时获取受灾重点区域、山体崩塌(滑坡)、堰塞湖等灾情,为指挥部第一时间确定救援救灾重点方向以及动员和部署抗震救灾工作提供决策依据,为救援工作第一时间打开生命通道。

作为空中通信骨干枢纽节点,翼龙无人机(图 10.34)可以配合地面 370 兆集群设备、宽带自组网设备、散射通信设备等,构建起空天地一体化应急通信网络,可快速实现窄带语音广域互通、宽带视频远距传输等。

图 10.34　甘霖-Ⅰ型翼龙无人机

该无人机系统具有航程远、留空时间长、承载能力大、环境适应性强等特点,可在“断路、断电、断网”等极端灾害条件下,完成多谱段灾害现场探查、公/专网应急组网通信、应急物资投送等任务,并融入应急指挥体系,是我国应急救灾保障的重要力量(图 10.35)。

图 10.35　翼龙无人机夜间工作

翼龙-2H 无人机主要有 4 个部分配合完成应急救援通信任务,分别是合成孔径雷达、卫通天线、光电吊舱和应急通信保障吊舱。其中,合成孔径雷达和光电吊舱主要完成一些侦查工作。光电吊舱则可以充当侦查员的角色,完成目标探测、搜索和追查的一些工作。它们配合工作,将受灾地区的图像实时传回后方指挥部,利于救援团队有效开展工作。主要承担通信任务的,就是应急通信保障吊舱了。它包含 pdt 集群机载基站、CCD 航测相机、宽带自组网设备和公网移动通信基站 4 个部分。卫通天线则用来接收卫星传回的信号。

## 10.6 无人机空投救援

根据互联网 2022 年 11 月 26 日报道:近日,航空工业发布了一段某型无人机进行快速精准空投的视频。视频画面显示,该“翼龙”无人机机身涂装有“甘霖-Ⅰ”型号标识(图 10.36)。

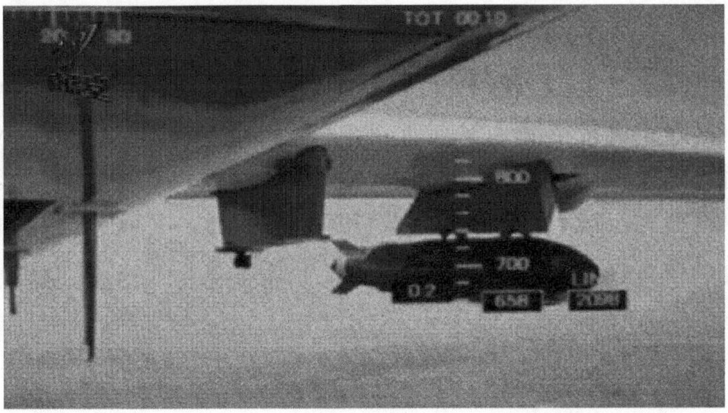


图 10.36 甘霖-Ⅰ空投挂载(视频截图)

“航空工业”在某平台发布了一段某型无人机进行快速精准空投的视频(图 10.37)。从视频画面可以看到,工作人员将物资包装填进一个物资舱,在称重后,物资舱被挂载到无人机上。

图 10.37 无人机高空进行物资舱投送(视频截图)

随后，无人机被拖至跑道，起飞升空，地面站操作员操纵无人机实施作业。到达指定空域后，物资舱从空中投放，随着物资舱高度下降，降落伞打开，物资舱缓缓着陆到达指定位置，并由地面人员接收，完成物资舱的精准投放(图 10.38)。

图 10.38 “甘霖-Ⅰ”无人机空投作业(视频截图)

该无人机机身涂装有“甘霖-Ⅰ”型号标识，是一款新型号无人机。而该无人机是在“翼龙”基础上改装而来的新用途无人机。“翼龙”无人机是由中航工业成都飞机设计研究所研制的一种中低空、军民两用、长航时多用途无人机。它可以携带各种侦察、激光照射/测距、电子对抗设备及小型空地打击武器。可执行监视、侦查及对地攻击任务等任务，也可用于维稳、反恐、边界巡逻等。

## 10.7 机载带电粒子发生器

### 10.7.1 带电粒子催化降雨的基本原理

带电粒子催化降雨的基本原理是利用电晕放电等方式，释放出带电粒子，使大气中部分液滴带电。一是在有强外电场存在的情况下，带电液滴可在外电场下作定向运动，在电极上形成凝聚，形成水滴-雨滴；二是在没有强外电场存在的情况下，由于水分子是极性分子，这些带电液滴的静电场对周围水分子产生极化效应，形成偶极子，在电场力作用下，加速凝结过程，促进液滴生长形成降雨。

(1)双电极带电粒子增雨

利用电晕放电等方式使大气中液滴带电，带电液滴在外电场下作定向运动，最终凝聚在地电极上；该方案需要两个电极(一个电极产生电晕放电，另一个电极收集带电液滴，强电场在两个电极之间产生)，因此被称为双电极效应。

(2)单电极带电粒子增雨

带电粒子与水分子簇团复合，形成带电液滴；水分子是极性分子，这些带电液滴的静电场对周围水分子产生极化效应，形成偶极子，在电场力作用下，加速凝结过程；带电粒子催化的凝聚作用截面远大于传统的接触碰并截面，使水汽凝结加速，形成降雨。

### 10.7.2　乌鞘岭外场试验

甘肃省乌鞘岭国家基准气象站位于祁连山东端的山峰上，海拔 3000 米，温度较低、风速较大、低云多、常年云雾缭绕，是具有显著上升气流的高山地区，可以直接向云雾中播撒带电粒子实现人工增雨的目的，为下游地区补充水源。乌鞘岭气象站有较为完善的气象观测系统和历史数据，供电、通信覆盖，很好地满足了实验和需求。2018 年 5 月安装外场实验装置（图 10.39）。

图 10.39　乌鞘岭带电粒子增雨外场试验

在乌鞘岭气象站的院子里，布设双电极（80 千伏）带电粒子增雨装置（图 10.40），呈三角形，外围进行电磁屏蔽，气流可以通过。双电极下方有集流槽，用于收集垂直降水和水平吸附的降水。

图 10.40　双电极带电粒子增雨装置

单电极带电粒子增雨装置(图 10.41)布设在乌鞘岭的毛毛峰背风坡处,海拔约 3600 米。装置整体呈房檐形,在每一个坡面上安装电极刀片。

图 10.41 单电极带电粒子增雨装置

### 10.7.3 试验成果

带电粒子催化降雨雪技术是一项创新的人工增雨技术,科学原理清晰,可较大幅度提高人工增雨雪效果和适用范围。经对比试验,增雨效果显著,尤其是带电粒子增雨装置被云雾笼罩时增雨效果更加明显。

基于双电极结构的人工增雨方案具有结构简单、见效快、效果直观、精准定位与控制等优点,适宜在如高海拔山区云层等潮湿空气环境中实现定点精准增加降水。

基于单电极结构的人工降雨方案原理有效,可拓展实现降雨的气象边界条件,扩展空间应用范围,有望实现外场开放空间下的大规模降水,具有极大的应用潜力。

### 10.7.4 发展前景

带电粒子增雨技术虽然科学原理清晰,但降水云层远高于带电粒子增雨装置时,效果就大打折扣了。如何把带电粒子源源不断的输送到空中云水丰富区,是需要继续努力的方向。

大型无人机在增加防/除冰功能时,增加了电源功率,可以给带电粒子增雨装置提供动力,并能把带电粒子增雨装置搭载在无人机上,实现空中云水丰富区的带电粒子释放,实现远程人工增雨作业和监控。

## 参考资料

量子位,2021. 一架无人机就恢复河南灾区 50km$^2$ 通信!“翼龙”成功助小镇通网 5 小时[OL]. https://www.sohu.com/a/478941842_610300

# 甘霖-I 大型无人机人工增雨试验大事记

## 2018 年

1. 2018 年初甘肃省常务副省长指示，要发挥无人驾驶飞机（简称无人机）的新技术优势，在祁连山地区开展生态修复型无人机人工增雨工作。

2. 在 2018 年的全国两会上全国政协委员提交了《关于加快推进祁连山生态修复型人工增雨（雪）作业能力建设的提案》。

3. 2018 年 3 月 7 日，甘肃省副省长访问中国气象局，中国气象局副局长矫梅燕会见副省长一行，双方就加快推进祁连山生态修复型无人机增雨（雪）能力建设进行了会谈。

4. 2018 年 4 月，甘肃省人工影响天气办公室编制完成《祁连山生态修复型无人飞机人工增雨项目可行性研究报告》。其中包括无人机系统建设、机载系统建设、作业系统建设、指挥系统建设等四个方面的技术指标。

5. 2018 年 6 月 22 日，甘肃省气象局副局长陶健红带领省人影办相关技术人员，在北京组织召开试验方案专家咨询会，对《祁连山生态修复型无人机人工增雨试验方案》进行论证。参加会议的有中国气象局应急减灾与公共服务司、人工影响天气中心、气象探测中心和中宇航通科技有限公司等单位的专家。专家组建议选用高性能的无人机作为人影作业平台，且必须具备在复杂天气条件下安全飞行的能力，先开展增雨试验，待试验成功后组织常态化无人机增雨业务。

6. 2018 年 7 月 15 日，甘肃省气象局张强副局长带领相关技术人员，赴中国航天第十一研究院专题对无人机进行了深入调研。调研无人机及开展人工增雨情况。通过调研了解，无论是国外还是国内，目前无人机人工增雨还停留在间断性小规模的试验阶段，使用的无人机为小型和中型。

7. 2018 年 7 月 26 日，甘肃省气象局向甘肃省人民政府上报《关于祁连山生态修复型无人飞机人工增雨工作有关情况的报告》。

## 2019 年

1. 2019 年 3 月 1 日，省委省政府领导听取了鲍文中局长关于无人机增雨相关工作情况的汇报。

2. 3月7日，在全国两会甘肃团讨论时，中央领导同志听取了甘肃省关于在祁连山开展生态修复无人机增雨的汇报。

3. 3月20日，常务副省长召集甘肃省气象局鲍文中局长、省级有关部门和天水飞机厂等单位的主要负责同志，安排部署无人机增雨的相关工作。确定由省级有关部门牵头推进此项工作。

4. 3月27日，省级有关部门主持召开了多家单位参加的祁连山无人机增雨试验会议。参会单位有省级有关部门、空军兰州基地航管处、省科技厅、省祁连山保护局、省无线电监测站、省人影办、中国科学院兰州化学物理研究所、兰州大学、兰州理工大学、甘肃航空产业投资有限公司、中航天水飞机工业公司、甘肃长风电子公司、兰州北方机电公司、甘肃瑞特森科技公司等单位的负责同志和技术人员。会议要求各单位共同推进无人机增雨工作。会议还初步明确了各单位的任务和职责。拟成立组织机构，由副省长和中国气象局领导担任组长，下设若干办事组和技术组。省气象局负责无人机增雨方案的编制及作业技术支持。编写无人机人影科研项目的文本上报科技厅。

5. 4月4日，甘肃省气象局张强副局长主持召开由办公室、减灾处、观测处、科技处、计财处主要负责人和人影办领导班子及相关人员参加的无人机增雨试验方案编制启动会。

6. 4月15日，省级有关部门带队，省人影办和省公航旅相关人员赴天水飞机制造厂和中航(成都)无人机系统股份有限公司调研翼龙-2型无人机。参观了翼龙系列无人机的制造车间与工厂的相关实力展示。了解了翼龙-2型无人机的总装和地面展示，座谈讨论了相关性能参数，翼龙-2型无人机基本能够满足人工增雨工作的需要。意向性地确定了人影作业大型无人机机型。

7. 4月23日，省人影办编制并向省级有关部门上报《祁连山生态修复型翼龙-2型无人飞机人工增雨试验方案(机载探测和催化作业设备)》。

8. 4月24日，甘肃省气象局上报中国气象局《关于祁连山生态修复大型无人机增雨试验领导机构组成人员的请示》。其中，请示由中国气象局余勇副局长担任祁连山生态修复大型无人机增雨试验领导小组组长，中国气象局人工影响天气中心李集明主任担任副组长。中国气象局批复同意。

9. 4月24日，在兰州召开祁连山生态修复型翼龙-2人工增雨试验技术对接会议。省级有关部门、省人影办、省航投公司、中航成都无人机公司、中航天水飞机公司、中国气象局人工影响天气中心、兰州大学大气科学学院、陕西中天火箭公司等仪器设备厂家进行技术参数对接，明确增雨作业和探测的装备技术参数，会议期间参观人影作业指挥平台、人影作业流程以及祁连山作业外场和机场条件。

10. 4月25日，省级有关部门、省人影办、省航投公司、中航成都无人机公司、中航天水飞机公司等单位技术人员调研祁连山人工增雨外场条件。研讨对祁连山划分人影作业区和禁飞区，研讨了张掖丹霞机场无人机起降条件和改进措施。无人机厂家提出了无人机改造及通信的措施。

11. 5月6日，在成都由省级有关部门主持召开了翼龙-2无人机系统人工增雨(雪)项目第一次技术协调会。参会单位有：省级有关部门、省人影办、中航(成都)无人机系统股份有限公司、航空工业成都飞机设计研究所、中航天水飞机工业有限公司、中国科学院兰州化学物理研究所、甘肃长风电子科技有限公司、陕西中天火箭技术股份有限公司、四川西物激光技术有限公司、北方激光研究院有限公司、中国科学院电子所、安徽航瑞航空动力装备有限公司等12家单位。会议主要讨论了各成品及任务载荷系统与飞机交联、接口的技术细节，并制定了后续工作计划。

12. 5月19日，无人机人工影响天气工程项目防/除冰专题评审暨科研阶段评审会在天水召开。省人影办作《无人机增雨作业效果评估方案》汇报。省级有关部门和省气象局联合主持防/除冰专题评审。

13. 5月21至24日，国家发改委、财政部、生态环境部、中国气象局等单位组成工作组，对中国科学院王涛同志全国两会提案以及祁连山人工增雨情况进行调研。中国气象局人工影响天气中心王晓辉、应急减灾与公共气象服务司赵志强、计划财务司冷春香、甘肃省气象局孙安平、甘肃省人影办尹宪志等陪同到祁连山调研。省发改委、财政厅、生态厅、气象局等单位在座谈会上汇报祁连山无人机增雨等工作。

14. 6月21日，省政府召开甘肃省无人机影响天气暨无人机产业化专项工作领导小组第一次全体会议。领导小组组长为甘肃省常务副省长、中国气象局副局长余勇；领导小组副组长为省级有关部门主要负责人、省气象局局长鲍文中、中国气象局人工影响天气中心主任李集明；成员为23个厅局及大型企业的负责同志。会议印发了《甘肃省启动无人机影响天气工程暨无人机产业化实施方案》，安排部署了相关工作，各成员单位负责同志做了表态发言。省气象局副局长张强汇报了工作、中国气象局人工影响天气中心主任李集明作了讲话。省政府常务副省长对加快推进无人机影响天气工程提出了明确要求。会后印发了纪要。

15. 6月30日，中国气象局副局长矫梅燕、余勇分别在李集明、赵志强《关于甘肃省无人机增雨工作6月21日会议情况汇报》上对甘肃省无人机增雨工作进行批示。余勇副局长批示，一是请计财司、减灾司继续配合国家发改委落实督查要求，推动项目立项；二是请减灾司、人影中心借鉴前期新疆区局无人机人影作业试验经验，积极支持和配合有关方面进行无人机平台改装、增雨(雪)科学试验和作业效果评估，并在试验评估基础上制定相关业务流程、标准规范、安全制度和运营模式等，要关注运营模式等对今后人影事业的可能影响。减灾司张祖强司长、杨智副司长要求落实局领导批示要求，在耕云计划及“十四五”规划中充分考虑无人机增雨作业的发展。

16. 7月10日，省政府召开甘肃省无人机影响天气暨无人机产业化专项工作资金协调会，研究专项工作前期费用问题。14个厅局单位和天水飞机公司的负责同志就资金统筹工作进行了发言。省气象局副局长孙安平参加会议并发言。

17. 7月26日，省级有关部门和省人影办召开无人机项目进展推进会。天水飞机公司、成都无人机公司的相关人员汇报了项目进展，研究了项目招投标问题。

18. 8 月 13 日，西北区域人工影响天气工程祁连山地形云人工增雨(雪)技术研究试验启动会在兰州大学召开。人影办介绍了无人机增雨的相关工作，研讨了配合祁连山试验开展无人机增雨效果评估的技术问题。

19. 8 月 26 日，在西北区域气象工作会议上，省人影办向余勇副局长、鲍文中局长以及其他与会代表，汇报了祁连山生态修复型大型无人机人工增雨前期工作情况。

20. 9 月 3 日，甘肃省公共资源交易局受省级有关部门委托，对无人机人工影响天气工程项目进行了公开招标。

21. 10 月 12 日，省级有关部门、省人影办领导一行，在甘肃省交通战备应急指挥中心进行调研，为无人机飞行试验做准备。依托该中心远端大屏幕及通信系统，实现对无人机的远程监视。

22. 12 月 12 日，无人机转场评审会在成都无人机公司召开，无人机顺利通过转场评审。

23. 12 月 20 日 8 时，翼龙-2 无人机人工增雨系统完成改装转场后，在固原机场实施了首飞，飞行时间 30 分钟，首飞成功。

## 2020 年

1. 2019 年 11 月，根据省级有关部门要求，省气象局制定了《2020 年大型无人机人工增雨(雪)计划》，并上报了省财政厅。2020 年 1 月，省气象局向财政厅上报了人影无人机作业维持经费的请示。

2. 1 月 10 日，无人机完成第二次试飞，成功实现了机载探测数据回传。

3. 3 月 10 日，省人影办申报了国家重大科研仪器设备研制项目《基于大型无人机的人工增雨催化作业系统研制》。

4. 3 月 13 日，省气象局为支持大型无人机增雨(雪)试验，设立了 2020 年创新驱动研究型重点业务项目《大型无人机人工影响天气系统研究》。

5. 4 月 10 日，为配合大型无人机增雨(雪)试验，省人影办制定了《大型无人机增雨(雪)试验方案》和《大型无人机增雨(雪)作业规程》，向中国气象局申报了两项气象行业标准，并于 5 月 21 日进行了线上答辩。

6. 4 月 15 日，省气象局以大型无人机人工增雨技术为切入点，编制了《甘肃省人工影响天气关键技术研究方案》研究型业务方案。

7. 4 月 20 日，无人飞机进行第三次试验飞行，飞行高度 4000 米，时间 1 小时，主要验证平台全挂载(供电吊舱、机载云粒子大气探测系统、机载催化作业系统和合成孔径雷达等)能力和全挂载后的稳定性，同时对机翼防/除冰涂层的功能进行了验证，功能正常，试飞取得成功。

8. 4 月 24 日，省气象局申报了中国气象局 2021 年创新发展专项项目《大型无人机增雨(雪)作业条件自动识别技术》。2021 年 1 月 19 日正式批复立项。

9. 5月15日，成都无人机公司组织技术人员到省人影办调研，省人影办对有人飞机作业情况、作业流程和无人机试验架次安排、无人机工作流程、积冰气象条件分析等相关内容进行了介绍和讨论，为无人机试飞打基础。

10. 5月19日，应天水飞机工业有限公司邀请，省气象局李照荣副局长联合主持无人机防/除冰功能专项评审会。省人影办向与会专家作了《无人机人工增雨(雪)效果评估方案》汇报，对无人机人工增雨试验中的效果评估进行了详细设计与规划。

11. 6月10日，省气象局鲍文中局长和李照荣副局长陪同副省长，在天水机场调研甘肃翼龙-2无人机人工增雨项目科研试飞情况，对无人机后续试验工作给予指导和部署。

12. 6月22日，公航旅到省人影办调研飞机增雨工作相关业务流程，对无人机人工增雨作业提出航线设计及空域协调保障工作建议，省气象局李照荣副局长参加座谈。

13. 6月30日，省人影办编制《大型无人机人工增雨(雪)作业试验方案》，向省级有关部门汇报。

14. 7月7日，根据省级有关部门指导意见，省人影办编制《大型无人机人工增雨(雪)作业方案》《大型无人机人工增雨(雪)作业飞行方案设计》和《大型无人机人工增雨(雪)作业效果评估方案》，再次明确了指挥机制、沟通协调机制、空域协调机制以及效果评估方案，向融办汇报，会同空军、民航、监管局等各部门就无人机空域进行了协调。

15. 7月23日，甘肃省无人机影响天气暨无人机产业化专项工作领导小组第二次全体会议召开，甘肃省气象局李照荣副局长参加会议并作无人机人工增雨作业空域及飞行航线规划情况汇报。副省长要求气象局抓紧完成无人机增雨作业效果评估，并择机带队向中国气象局汇报相关项目进展，争取中国气象局以及人影中心的支持，向全国推广无人机增雨作业项目。

16. 7月31日，甘肃省大型无人机增雨(雪)作业方案咨询暨工作协调会在兰州市召开，省级有关部门、空军兰州基地、民航监管局、民航空管甘肃分局、天飞集团、成都无人机公司、公航旅、省气象局等单位代表参加了会议。省气象局李照荣副局长出席会议。会上，省人影办介绍了甘肃省大型无人机增雨(雪)作业方案的具体内容，各单位针对方案进行了讨论，主要从作业区域划分、作业时间安排、实施内容等方面提出了修改意见，进一步明确了各项任务的分工，形成了会议纪要。

17. 8月20日，省人影办邀请中国气象局人工影响天气中心、中国科学院、省气象局、兰州大学、郑州大学等单位专家对《无人机人工增雨(雪)作业效果评估方案》进行论证。

18. 8月23日，在省气象局副局长李照荣的陪同下，中国气象局人工影响天气中心副主任陈添宇、中国科学院大气所研究员郭学良等一行4人，赴天水机场就无人机影响天气工程项目试验工作进行了调研。调研组希望能够总结出甘肃无人机人工增雨模式，以及全国无人机业务化的技术方案，并探索出适合全国推广的空域协调机制。

19. 9月11日，民航西北地区管理局在金昌市组织召开翼龙-2气象型无人机人工影响天气工程项目飞行保障协调会，参会单位有民航西北地区管理局、民航甘肃监管局、民航西北空管局、甘肃空管分局、西部机场集团、甘肃民航机场集团、兰州民航机场公司、金昌民航机场公司、夏河民航机场公司、陇南民航机场公司、天水民航机场公司、省级有关部门、甘肃省气象局、公航旅无人机公司、省级有关部门技术转移中心，中航无人机公司、航空工业飞服中心、中航天飞等18家单位44名代表。会议听取了《无人机人工增雨(雪)作业及探测飞行航线设计方案》，评估了《翼龙-2气象型无人机人工影响天气工程项目飞行空域评估报告》《无人机甘肃地区增雨(雪)保障措施》，形成了会议纪要。

20. 10月11日，凌晨1时40至3时50分，翼龙-2气象型无人机从金昌机场起飞赴祁连山北坡作业区，作业飞行高度4100～4500米，作业过程中目标云区过冷水丰富，飞机结冰严重，无人机除冰系统发挥作用。共燃烧机载焰条8根，顺利实施了增雨作业。

21. 10月25日凌晨05时04分到早上8时58分，在祁连山地区开展了第二次跨昼夜作业飞行。作业高度5000～5500米。

22. 10月27日17时01分至21时27分，开展了第三次祁连山无人机增雨试验飞行，飞行4小时26分钟，探测高度6000米，作业高度4500～4700米，共燃烧机载焰条20根。

23. 11月15日，在金昌召开了无人机人工影响天气工程项目技术鉴定会(24家单位、64名代表参加)，省气象局作了“无人机人工影响天气工程项目祁连山人工增雨试验情况进展”报告，与会代表现场观看了第五次飞行。审查组评审后认为，翼龙-2无人机增加人工增雨相关设备，完成了无人机系统设计、机上改装、地面试验、鉴定试飞和增雨作业试验等，试验表明无人机系统工作稳定，状态正常，已具备防/除冰、大气探测、催化剂播撒等能力，增雨作业有效，功能性能满足项目要求。增雨无人机命名为“甘霖-Ⅰ”。

24. 11月17日17时23分至21时02分，开展了第六次祁连山无人机增雨试验飞行，飞行3小时39分钟，探测高度6500米，作业高度6300米，共燃烧机载焰条20根。

25. 11月30日，甘肃省无人机影响天气暨无人机产业化专项工作领导小组第三次全体会议召开，省气象局鲍文中局长参加会议并作祁连山无人机人工增雨试验情况汇报。会议认为甘霖-Ⅰ无人机人影系统已从技术上实现突破，试验阶段全面完成，迈入了人工增雨作业阶段，初步商定12月初联合中国气象局共同举行启动仪式。副省长要求继续提高认识保持定力，发挥相关产业优势，带动相关产业发展，依靠中国气象局推进无人机人影作业市场开拓，在启动仪式前带队向中国气象局汇报项目相关工作。

26. 12月15日，中国气象局党组书记、局长刘雅鸣在京会见甘肃省常务副省长一行，共商推进大型无人机人工影响天气工作。中国气象局党组成员、副局长矫梅燕，甘肃省政府副秘书长曹天民参加座谈。刘雅鸣表示，中国气象局将积极支持该项工作的探索研究，组织做好无人机增雨(雪)的科学评估论证和总体顶层设计，在气象“十四五”规划中统筹考虑。希望双方在现有试验基础上深化合作，科学制定工作计划，明确目标任务，建立工作协调机制，扎实推进无人机人工影响天气工作发展。

27. 12月28日，19时55分至29日01时38分，甘霖-Ⅰ无人机首次穿越祁连山山脊增雪作业飞行，作业区覆盖永昌-皇城以及偏南的祁连山腹地、武威古浪一带。燃烧20根机载冷云焰条。空中遭遇风速23 m/s。

## 2021年

1. 1月6日，中国气象局、甘肃省政府在金昌金川机场联合举行“甘霖-Ⅰ”人工影响天气无人机首飞仪式。中央相关部委局和相关国企领导等300余人参加首飞仪式。15时30分许，无人机起飞。起飞后，地面控制系统显示，无人机防/除冰、大气探测、催化剂播撒等功能正常，系统稳定，性能满足项目要求。随着无人机平稳着陆，首飞圆满成功。中央电视台、新华社、新甘肃等媒体进行了现场直播，引起国内外广泛关注。

图 5.7　祁连山地区系统性天气过程探测飞行航线示意图

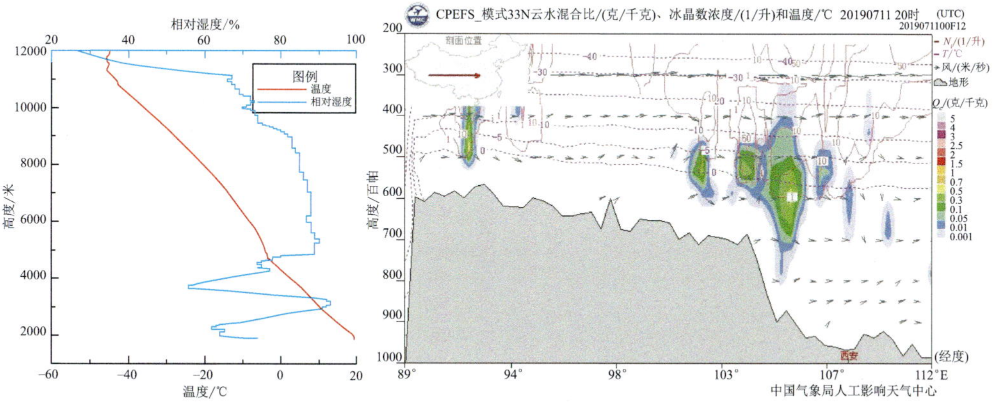


图 5.12　2019 年 7 月 11 日兰州探空廓线及数值模拟

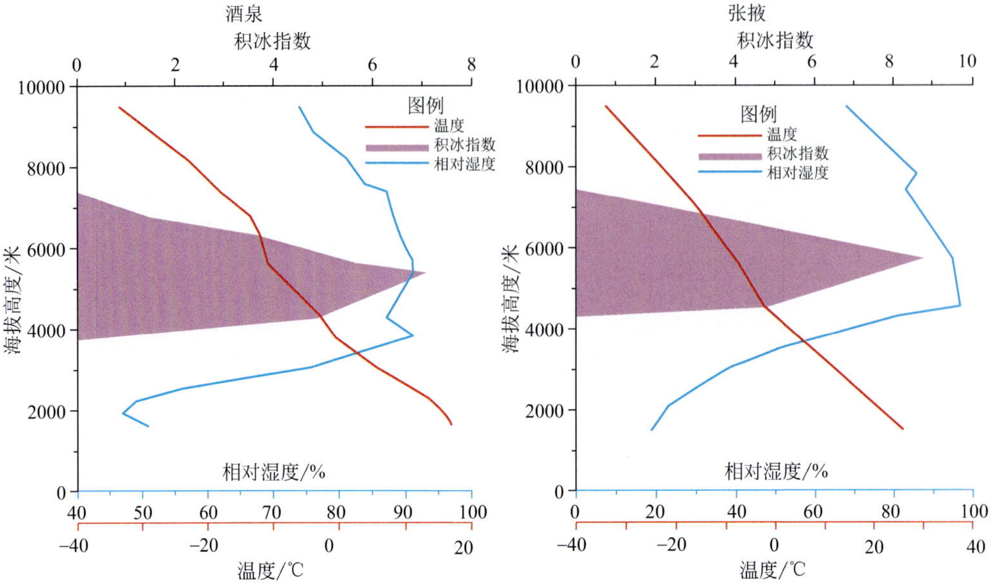


图 5.13　河西地区空中飞机积冰条件分析

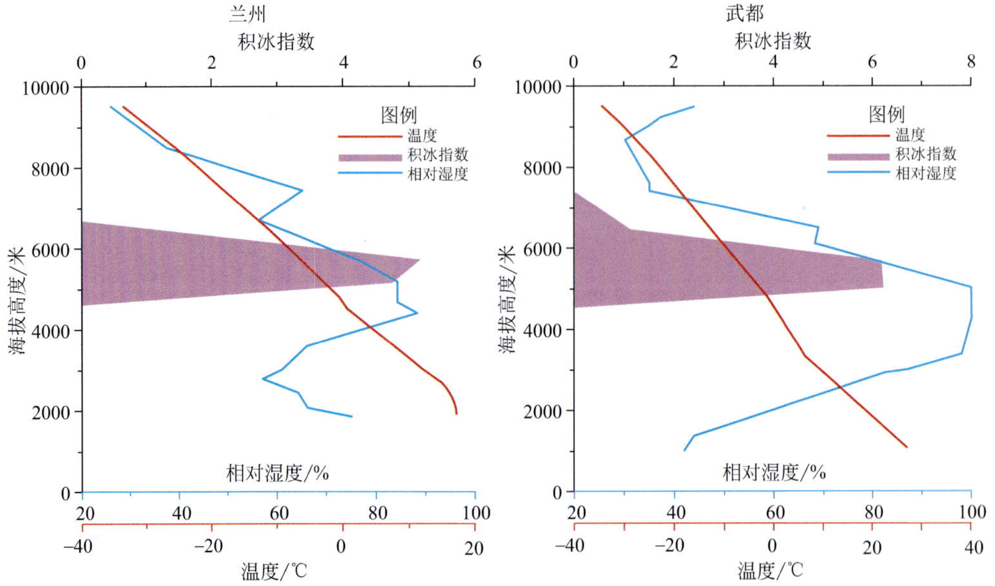


图 5.14　河东地区空中飞机积冰条件分析

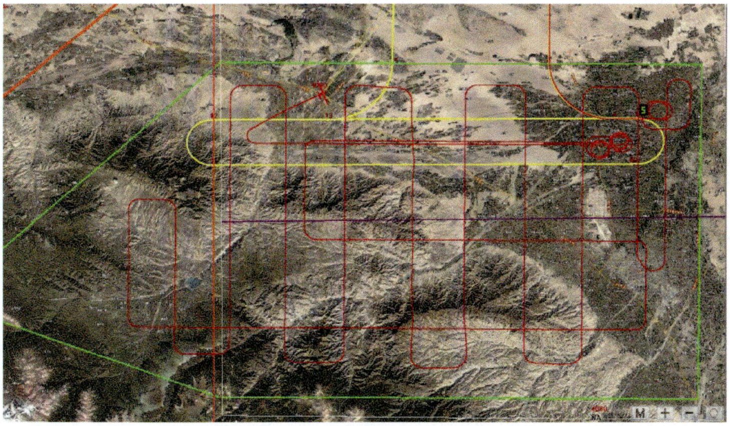

图 6.11　试验区域和飞行航线

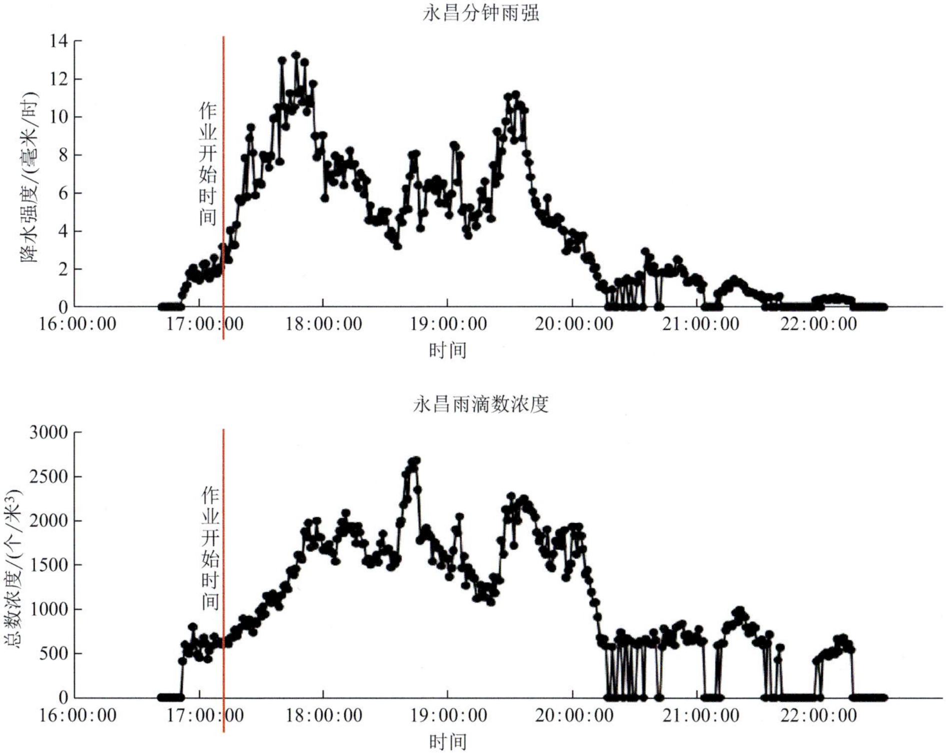


图 6.14　永昌站地面雨滴谱分析

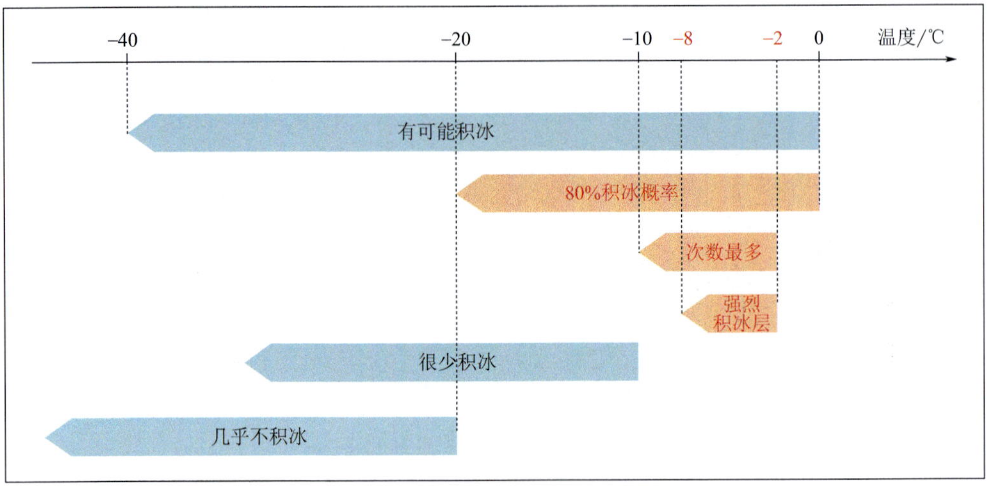


图 7.1 飞机积冰随温度变化图

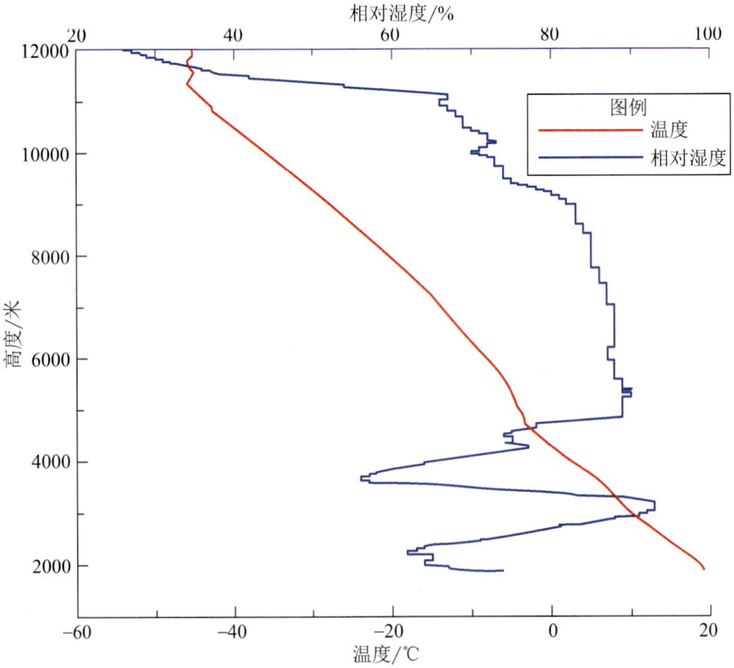


图 7.8 2019 年 7 月 11 日 20 时祁连山周边探空数据

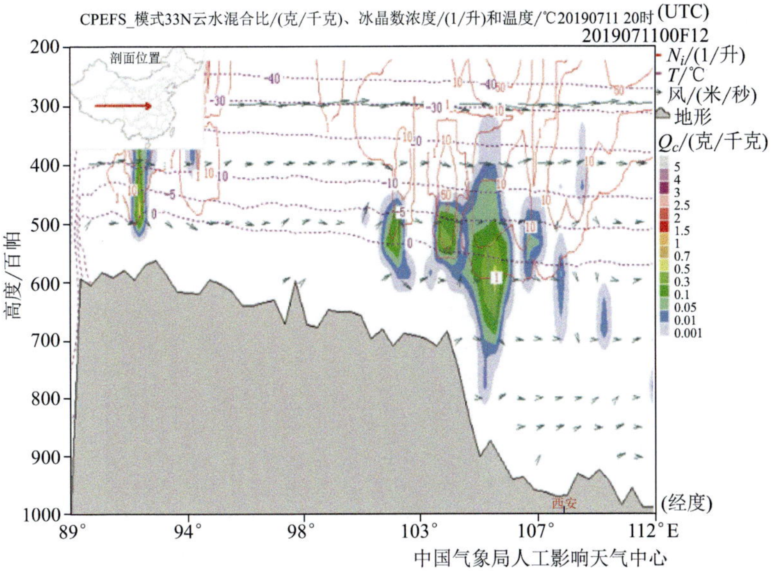


图 7.9　2019 年 7 月 11 日 20 时 CPEFS 35°N 云水含量剖面